著者简介

森本雅之

　　Morimoto实验室主任，工学博士，日本电气学会会士。2005-2018 年任东海大学教授，1977-2005 年在三菱重工从事电动机与电力电子技术研发工作。

　　著有《漫画电动机》《电力电子图鉴》《电动机设计入门》《初学者的电力电子学》《电动机控制入门》等。

双色
图解

65 讲

秒懂
电动机

⊕ 从电磁感应到无刷电机
控制技术

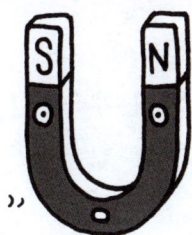

〔日〕森本雅之 著

吴韶波 李林隽 刘辰珅 译

科学出版社

北 京

图字：01-2025-1649号

内 容 简 介

  电动机作为现代社会高效运转的"隐形心脏"，广泛应用于智能手机、家用电器、电动汽车、工业设备、无人机等各个领域。

  全书共分为 7 章，内容涵盖电动机的基本概念与电磁感应原理，直流电动机、无刷电机、交流电动机、其他特色电机（如步进电机、磁阻电机、超声波电机）的结构、特性和应用，以及电动机选型的要点。本书以简明易懂的方式，结合丰富的实例，重点讲解电动机如何将电能转化为机械能、电刷与换向器的作用、变频器调速、再生制动等知识，并穿插空调压缩机、电动汽车、智能手机等贴近生活的应用实例。

  本书适合对电动机感兴趣的工程技术人员、理工科学生、科技爱好者及青少年读者，可用于青少年科普和科学教育。

图书在版编目（CIP）数据

秒懂电动机 / （日）森本雅之著 ； 吴韶波，李林隽，刘辰珅译. -- 北京 ： 科学出版社，2025. 6. -- ISBN 978-7-03-082311-3

  Ⅰ. TM32

  中国国家版本馆CIP数据核字第2025RZ0718号

责任编辑:喻永光　杨　凯 / 责任制作:周　密　魏　谨
责任印制:肖　兴 / 封面设计:武　帅

科 学 出 版 社 出版

北京东黄城根北街16号
邮政编码：100717
http://www.sciencep.com

北京中科印刷有限公司印刷

科学出版社发行　　各地新华书店经销

*

2025年6月第 一 版　　开本：880×1230 1/32
2025年6月第一次印刷　　印张：6 1/2
字数：162 000

定价：58.00元
（如有印装质量问题，我社负责调换）

前　言

亲爱的读者朋友们，大家好！提起"电动机"，你会想到什么？或许有人会说："那不就是能转的东西吗？"确实如此，但更准确地讲，电动机是一种将电能转化为机械能、驱动物体运动的装置。简单来说，它是为让物体旋转或移动而设计的机器。

传统摩托车、摩托艇、汽车和船舶通常是由内燃机（发动机）驱动的，而不是电动机。虽然内燃机和电动机都属于"原动机"——即将能量转化为机械运动的装置，但它们的驱动原理不同。内燃机通过燃烧燃料产生动力，而电动机利用电能驱动。严格来说，电动机特指以电能为动力源的原动机，其英文名称为"electric motor"，也常被称为"电机"或"马达"。

回顾历史，大约在 50 年前，家庭中电动机的数量曾被视为生活富裕程度的重要标志。当时的代表性产品包括洗衣机和冰箱，一些设备因使用电动机而特意冠以"电动"之名。那时，家庭用电主要用于照明，提到"电"，人们首先想到的便是灯泡，而利用电能驱动机械设备尚属罕见，电动产品因此显得格外新奇。

然而，时光荏苒，如今家庭用电的绝大部分已被电动机占据。空调、吸尘器等家电中内置了大功率电动机，甚至在我们看似静止的智能手机和计算机中，也有微型电动机默默工作，如振动电机、散热风扇。如今，家庭中究竟有多少电动机，恐怕已无人能准确计数。

更令人惊讶的是，电动机对整个社会能源消耗的影响。根据近年来的数据统计，以日本为例，全国发电量的约60%最终被电动机所消耗。这意味着，超过半数的电能被用于驱动。如果我们能有效提升电动机的能效，无疑将大幅减少电能消耗，降低发电需求，从而为减少碳排放等环境问题做出积极贡献。电动机不仅是现代生活中不可或缺的一部分，更是推动社会可持续发展的关键，蕴含着创造更美好未来的无限潜力。

读者定位

本书面向所有对电动机感兴趣的读者，特别是：

· 非电动机专业的工程师，希望了解相关基础知识；

· 从事电动机相关工作的非技术人员，欲掌握基本概念；

· 对物理和数学感到困难的理工科大学生，寻求简明入门指南；

· 考虑选择理工科作为未来发展方向的高中生；

· 对机械技术充满好奇、热爱探索的广大朋友。

主要内容

　　本书旨在以通俗易懂的方式，引领大家走进电动机的世界，探索其工作原理、分类及实际应用方法。通过加深对电动机的理解，我们希望读者能"秒懂电动机"！

说　明

　　从中国的实际情况出发，译者对本书部分内容进行了适应性调整。

目　录

第1章　什么是电动机?

第2章　电动机的基础: 直流电动机

第3章　电子换向的无刷电机

第4章　当前的主流——交流电动机

第5章　进化后的交流电动机

第6章　各具特色的电动机类型

第7章　电动机选型概要

第 **1** 章 什么是电动机？

电动机是一种将电能转换为机械能，以产生旋转运动，从而驱动物体旋转的装置。在本章中，我们将首先学习电动机的动力来源——电与磁的基本知识，以深入理解电动机的旋转原理。

第 1 讲 电动机的作用是驱动负载旋转

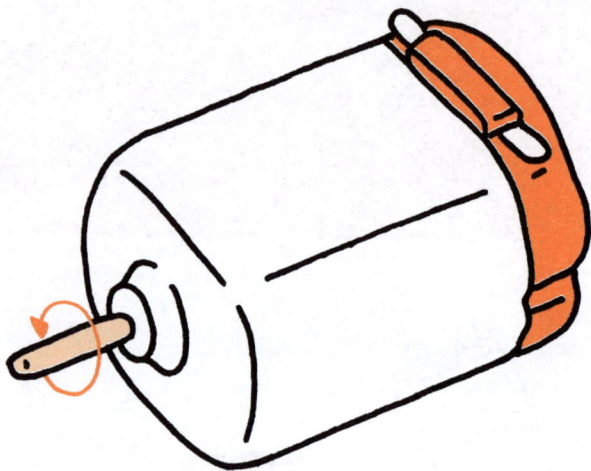

电动机是用于**驱动机械设备旋转的装置**。

　　电动机通过电能来驱动负载旋转，实现机械运动。通常情况下，电动机不会空转，而是带动一个被称为**负载**的机械对象旋转。电动机的作用是根据负载的性质和状态，提供旋转动力使其运转。

例如，在电动汽车中，电动机**驱动车轮旋转**，从而使车辆前进。此时，电动机的主要功能是使车轮旋转，车辆的前进则依赖于车轮与地面的机械传动。再如，水泵的电动机驱动泵体旋转，使水泵完成抽水动作。可见，电动机的基本作用是驱动负载旋转，而负载的**机械结构则将旋转运动转化为有用的机械功**。

此外，电动机不仅能驱动负载，还可通过控制实现制动效果（参见第 64 讲）。例如，在下坡行驶时，将电动汽车置于低速挡，可起到制动的作用。

降低电动机转速

下坡时会加速

制动力增大

▲ 电动机制动的效果

电动机的旋转过程实际上是**电能转化为机械能**的过程。在电动机内部，电能先转化为磁能，再通过电与磁相互作用产生转矩，实现旋转。

理解电动机的旋转原理，需要掌握电与磁的相关知识，尤其是电磁感应。本章的目标是加深对**电磁感应**的理解，解释"电动机为何能够旋转"。让我们从日常生活中常见的电动机开始，逐步学习其工作原理。

没有电动机，就没有现代生活

了解电动机的作用 ///　　　　　　　　　　☑ 身边的电动机

　　提到"由电动机驱动的设备"，你首先会想到什么？汽车、电梯或许是最直观的例子，但实际上，电动机的应用远不止这些。电动机无处不在，支撑着我们的日常生活。

　　下面，让我们通过一天的生活场景，来感受电动机的广泛应用。

- 早晨，**智能手机**的闹铃和振动功能将你唤醒。手机的振动是通过微型电动机实现的。

- 起床后洗脸，**水龙头流水**依赖由电动机驱动的水泵提供水压。早餐时，你从**冰箱**中取出冷藏的牛奶。冰箱的制冷系统内含电动机，驱动压缩机和循环风扇。

- 出门上班，地铁站的**自动扶梯**由电动机驱动，地铁列车同样靠电动机提供动力。

- 到单位打开计算机，按下电源键时，机箱内的散热风扇由电动机驱动，"嗡嗡"声提醒你设备开始运行。

- 回家时选择乘坐出租车，不论是电动汽车还是燃油汽车，车内都配备了多个电动机，用于驱动车窗、电动座椅、风扇等辅助系统。

- 回到家打开电视，画面中出现**无人机**航拍镜头。无人机飞行依赖高效电动机提供动力。

由此可见，电动机广泛应用于各类设备，默默支撑着现代生活的各个方面。

第 3 讲 磁铁的力量 ——磁力

电磁感应的基本原理 /// ☑磁力 ☑磁场 ☑永磁体 ☑磁力线

　　电动机是基于磁力实现旋转的装置。磁力是磁铁所具有的一种作用力，能够**吸引或排斥周围的磁性物质**，如其他磁铁或铁。电动机正是利用磁力产生旋转力矩（转矩）的。这一原理看似复杂，让我们先从磁铁的基本特性开始了解。

　　磁铁能够吸引铁，是因为**铁在磁铁靠近时会暂时被磁化**，产生自身的磁极，并与磁铁的**磁极**相互吸引。这种现象被称为**磁感**

应，而通过磁感应形成磁极的过程被称为**磁化**。当磁铁远离时，铁的磁化程度减弱，吸引力随之减小。关于磁化，详见专栏 2。

磁铁通过磁感应对周围环境产生影响，这一影响范围内的空间被称为**磁场**。某些物质容易被磁场磁化，并且在磁场消失后仍能保持较强的磁性，这类物质被称为**永磁体**。永磁体在电动机中广泛应用，用于提供稳定的磁场。

为了直观解释磁力的作用机制，我们引入**磁力线**的概念。磁力线是从磁铁的 N 极指向 S 极的虚拟线。磁力线的方向表示磁场的方向，磁力线的密度反映磁场的强度。按照这一约定，磁力线具有**试图变直并缩短**的特性，同时**相同方向的磁力线会相互排斥**。这些特性便是**吸引力**和**排斥力**的由来。

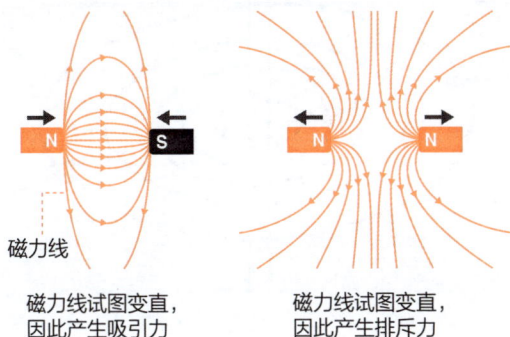

磁力线

磁力线试图变直，
因此产生吸引力

磁力线试图变直，
因此产生排斥力

▲ 试图变直的过程中产生吸引力或排斥力

要强调的是，磁场仅描述"受磁铁影响的空间区域"，因此即使磁铁与目标物体之间存在真空，磁场依然存在并发挥作用。

在物理学中，磁场的状态通常以**磁通量**来量化。磁力线的总数被称为磁通量，而单位面积上磁力线的密度则被称为**磁通密度**。这些参数可以帮助我们更精确地描述和分析磁场特性。

第 4 讲 电流周围会产生磁场

电磁感应的基本原理 /// ☑电流与磁场　☑线圈　☑电磁铁

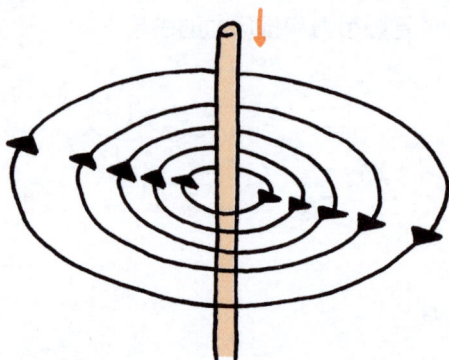

　　当电流通过导体时，其周围会形成磁场。如果电流沿直线流动，磁场将以电流为中心，呈**同心圆状** ① 分布。此时，磁场可以用**围绕电流的闭合磁力线**来表示。磁场强度随着靠近电流而增强，随着远离电流而减弱。

　　磁场与电流的方向存在特定的关系，可通过**右手螺旋定则**确

------

① 同心圆是指具有相同中心的两个或多个圆。"呈同心圆状分布"指的是像树木年轮一样，半径不同的同心圆层层叠加的状态。

定：将右手拇指指向电流方向，手指自然弯曲的方向即为磁力线的环绕方向，也就是磁场的方向。

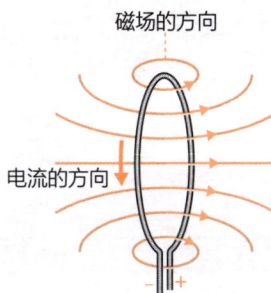

▲ 环形电流产生的磁场

那么，非直线流动的电流会产生什么样的磁场呢？当电流呈环形流动时，其周围仍然会形成同心圆状的磁场，但由于电流路径为环形，磁场表现为**两个同心圆磁场的叠加**。可以将环形电流想象为一个圆盘，磁力线从圆盘的一侧穿出，返回到另一侧。

进一步地，如果将电线连续绕成多圈，形成**线圈**结构，当电流通过线圈时会发生什么呢？此时，可以将线圈视为**多个环形电流路径的叠加**。

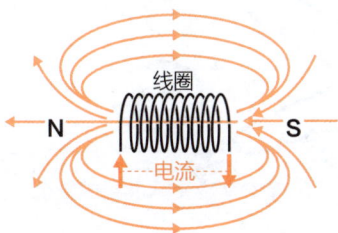

▲ 线圈电流产生的磁场

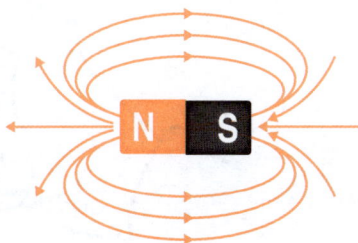

▲ 条形磁铁周围的磁场

磁力线从线圈的一端穿出，返回到另一端。因此，线圈的一端可视为 **N 极**，另一端为 **S 极**，其磁场形状与条形磁铁周围的磁场非常相似。

无论是电流还是磁铁产生的磁场，都可以通过磁场的形状和强度来表征。通过电流产生磁场的装置被称为**电磁铁**。电磁铁与永磁体的磁效应在本质上相同，都是通过磁场发挥作用。电动机正是利用电磁铁和永磁体产生的磁场相互作用来实现运转的。

第 5 讲 由电和磁产生的电磁力

电磁感应的基本原理 ///   ☑电磁力   ☑弗莱明左手定则

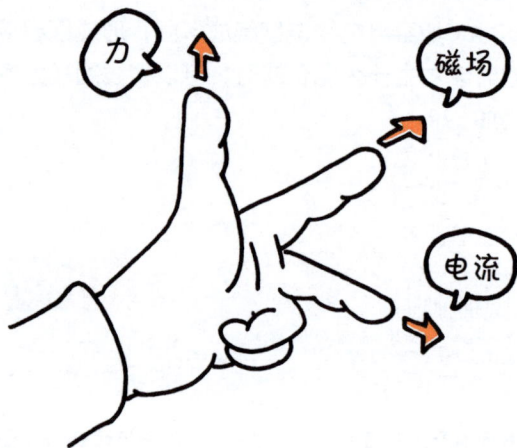

　　当处于磁场中的**导体**通电时，导体将受到力的作用。我们可以通过磁力线来解释这一现象。

　　假设存在一个从上到下均匀分布的磁场。在该磁场中，放置一个电流方向与磁场方向垂直的导体。例如，电流从纸面向内流动。此时，电流周围会产生以导体为中心、顺时针方向扩散的同心圆状磁场。那么，当这两个磁场叠加时，会发生什么呢？

磁场

由电流产生的磁场

从纸面向内流动的电流

相互抵消　　　　　　相互增强

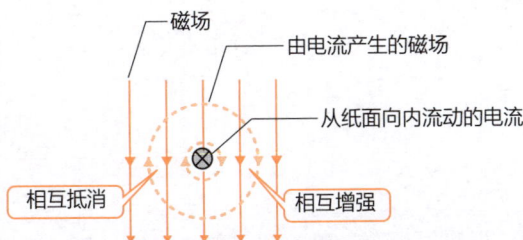

▲ 从上到下的磁场和导体周围的磁场

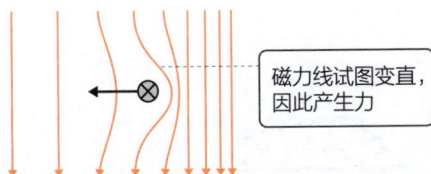

磁力线试图变直，
因此产生力

▲ 两个磁场叠加而成的合成磁场

　　当两个磁场叠加（即形成**合成磁场**）时，在导体的左侧，磁力线的方向相反，磁场强度减弱；在导体的右侧，磁力线的方向一致，磁场强度增强。换句话说，**磁力线在导体的左侧分布稀疏，而在右侧分布密集**。因此，磁力线会避开电流并发生弯曲。

　　此时，由于磁力线具有"试图变直并缩短"的特性（详见第 3 讲），右侧绕行的磁力线会倾向于伸直。这种特性导致流过电流的导体会受到一个向左的作用力。这个由磁场和电流共同产生的力，被称为**电磁力**。

　　电动机的结构设计能够有效利用电流产生电磁力。换言之，电动机正是通过电磁力实现旋转运动的。

　　电磁力的方向可以通过**弗莱明左手定则**来确定。用左手的中指表示电流的方向，食指表示磁场的方向，拇指则指向此时产生的力的方向。

第 6 讲 电动机为什么会旋转？

旋转的原理和特性 ///

☑旋转的原理

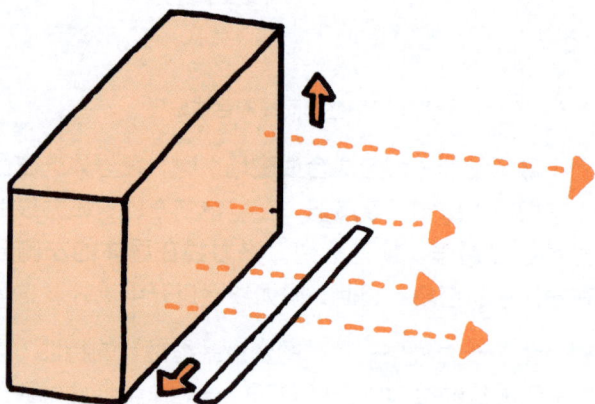

　　电动机能够旋转，关键在于其内部结构设计使得**磁场方向与电流方向保持垂直**。

　　上图中，磁铁产生的磁场方向是**从左到右**。在该磁场中，放置一根与磁场方向垂直的导体。当电流沿箭头所示方向通过导体时，导体将受到向上的力，从而向上移动。

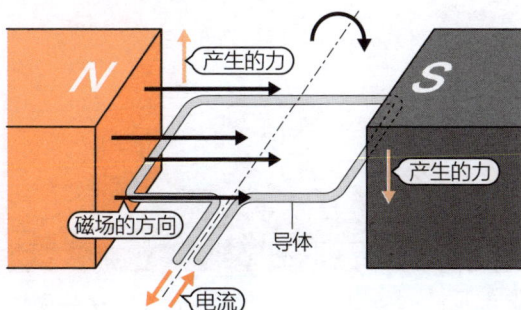

▲ 通过电磁力使其旋转

我们可以利用这种力使导体产生旋转运动。

首先，增加另一根导体。如上图所示，将两根导体排列成"U"形，并流通相同的电流。此时，右侧导体的电流方向与左侧相反。因此，右侧导体将受到向下的力。由于左右两侧的力方向相反，如果在 U 形结构的中间设置中心轴，则这种力会转化为使 U 形导体**旋转的力**。

通过这样的配置，**电流可以产生旋转力**。这就是**电动机旋转的基本原理**。

当然，仅靠这种简单设计尚不足以实现电动机的连续旋转，实际电动机中还包含许多精巧的设计。

讲到这里，可能有人会问："仅用一根导体是否也能产生旋转力？"确实，一根导体也可以产生旋转力。然而，单根导体无法实现平滑的连续旋转。为了实现平稳的旋转运动，通常需要在圆周上布置至少三根导体。

第 7 讲 电动机旋转时会发电

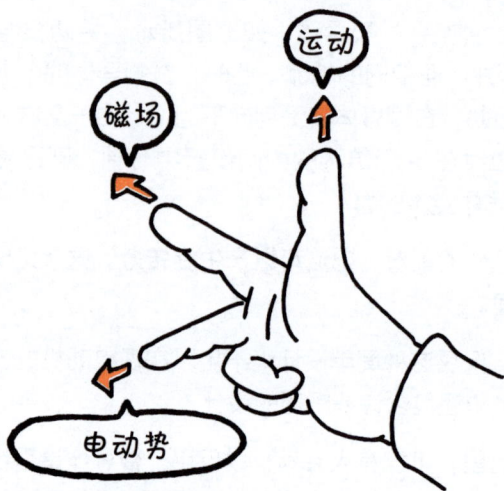

磁场和电流能够驱动电动机产生力，但磁场还有另一项重要作用，那就是**发电**。当电动机旋转时，其内部实际上正在发电。

当导体在磁场中运动时，导体内部会产生一种促使电流流动的"力"——**感应电动势**（简称**电动势**）。感应电动势的产生即意味着发电。

　　当导体沿垂直于磁场的方向运动时，导体中便会感生电动势。电动势的方向可通过**弗莱明右手定则**来判定：右手的中指表示电动势的方向，食指表示磁场的方向，拇指表示导体运动的方向。

　　导体运动产生的电动势与导体的运动速度成正比。如果导体如下图所示那样旋转，则产生的电动势与转速成正比。在电动机内部，会产生与转速成正比的电动势。

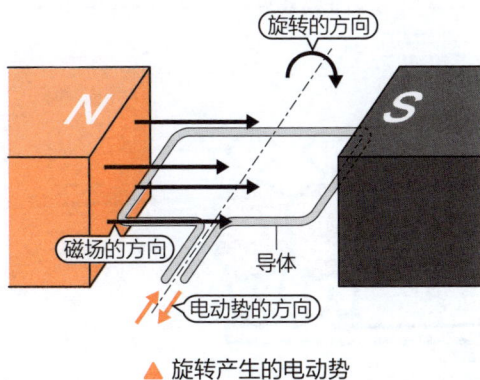

▲ 旋转产生的电动势

　　发电机正是利用了这一电动势。通过外部拖动电动机旋转，提取产生的电动势的过程便是发电。实际上，电动机和发电机在结构上并无本质差异，唯一的区别在于：电动机通过电能驱动旋转，而发电机由外部机械力拖动旋转以产生电能。二者都是实现机械能与电能相互转换的装置，但转换方向不同。

　　为了驱动电动机旋转，需要连接外部**电源**。电源具有产生电流的"力"，即电动势。正是它使电流流入电动机的。

　　然而，当电动机旋转时，其内部会产生电动势。这一内部电动势与电源提供的电动势方向相反，会阻碍电源电流的流动。因此，这种电动势也被称为**反电动势**。

第 8 讲 旋转的力——转矩

　　电动机之所以能够旋转，是因为其内部产生了旋转的力。在日常用语中，当我们简单提及"**力**"时，通常指沿直线方向的作用力，如推动物体或感受重量的作用，这些都属于直线方向的力。

　　而**旋转力**，顾名思义，是使物体产生旋转运动的力。旋转力不仅与力的大小有关，还与力的作用位置密切相关。如上图所示，在距离中心长度为 2 的位置施加力，与在长度为 1 的位置相比，仅需一半的力即可产生相同的旋转效果。**旋转力 T** 可以通过**力的大小 F** 和**作用半径（臂长）L** 来表示。

旋转力　　　　　　　作用半径

$$\text{转矩}\quad T = F \times L$$

力的大小

　　这种旋转力在物理学中被称为**转矩**，也称**扭矩**。转矩的单位为 N·m（牛·米）。转矩是一种扭转力，是驱动电动机旋转的关键因素。

　　在物理学中，还有一个重要的概念——功。功表示的是移动物体所需的能量，单位为 J（焦）。在直线运动中，用 1N 的力使物体移动 1m 所做的功为 1J。

1N的力

移动1m

功（移动的能量）是1J

▲ 功

转矩是1N·m

1N的力

1m

旋转的能量不是1N·m

▲ 转　矩

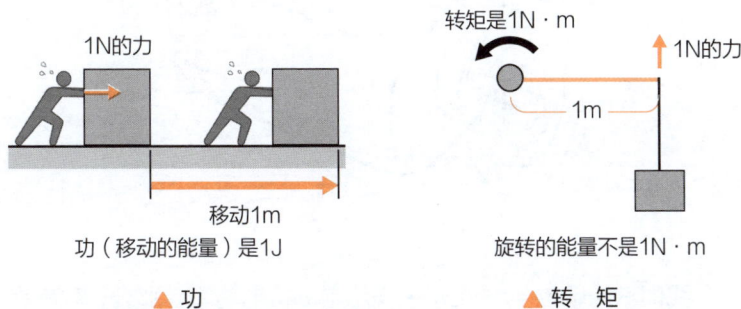

　　转矩的单位 N·m，表示的是力与长度的乘积。转矩反映的是力的大小，而功反映的是能量。转矩和功是完全不同的物理概念。

了解电动机的输出功率

旋转的原理与特性 ///　　☑输出功率　☑功率　☑转速

我们常用单位 W（瓦）来表示电动机的功率。那么，功率究竟是什么呢？电动机的功率是指其输出机械能的速率。电动机在旋转时会产生转矩（扭矩），而转速决定了旋转的快慢，两者共同决定了功率。在描述**额定功率**或**最大功率**时，常使用这一概念。

功率的单位 W，不仅可用于衡量电动机的机械输出功率，也可用于表示电能的消耗。**电功率**是指**每秒消耗或转换的电能**，单位可用 W 或 J/s（焦耳每秒）表示（1W=1J/s）。其中，J

是能量的单位。在力学中，能量也被称为"功"，表示做功的能力。每秒所做的功即功率，单位为 J/s。可见，电功率（W）表示的是电能的消耗或转换速率（J/s）。

电动机的机械功率（W）可以通过转矩与角速度的乘积计算。转矩的单位是 N·m，而**角速度** ω 的单位是 rad/s（弧度每秒）。角速度可能不太常见，它表示每秒旋转的角度。1 圈为 $360° = 2\pi$ rad，因此角速度 2π rad/s 意味着每秒旋转 1 圈。实际应用中，常用的转速单位是 r/min 或 min^{-1}，表示"分钟转速"，因此需要进行单位换算。功率的计算公式如下：

电动机的功率
[分钟转速（min^{-1}）]

$$P = \frac{2\pi}{60}\, T \times N \approx 0.1047\, T \cdot N$$

功率（W）　转矩（N·m）　转速（min^{-1}）

电动机的功率
[角速度（$rad \cdot s^{-1}$）]

$$P = T \cdot \omega$$

功率（W）　转矩（N·m）　角速度（$rad \cdot s^{-1}$）

通过功率计算公式，可以理解功率（W）与转矩（N·m）之间的关系。在功率相同的情况下，转矩与转速成反比，转速越高，转矩越小。

例如，两台电动机的功率相同，但一台转速为 100 万（min^{-1}），另一台为 $100min^{-1}$，其转矩可能相差约 1 万倍。转矩大小通常与电动机的尺寸和设计相关，高速电动机的转矩通常较小，因此体积可能较小。

▲ 功率、转矩、转速的关系

第 10 讲　电动机驱动的对象——负载

旋转的原理与特性 ///　　　　　　　☑负载　☑负载转矩特性

　　电动机的主要功能是驱动物体旋转，而被电动机驱动旋转的物体被称为**负载**（参见第 1 讲）。负载通过旋转实现机械做功。

　　以电风扇为例，电动机的作用是驱动风扇叶片旋转。电动机仅负责叶片的旋转运动，而通过旋转产生气流（即风）则是叶片的设计效能。

具体而言，"通过旋转产生风"可理解为**将旋转的机械能转化为空气的动能，即空气的流动（风）**。

当电动机转速提高时，风速随之增大；转速降低时，风速则减小。然而，电动机本身仅提供旋转动力，能量转化为气流的实际过程由叶片完成。

因此，电动机的核心作用是驱动负载。那么，是否所有的负载都可以由同一类型的电动机驱动呢？答案是否定的。

每种负载具有独特的特性，需要与之匹配的电动机来满足驱动需求。这里的"特性"主要指驱动负载所需的转矩与转速之间的关系，也被称为**负载转矩特性**。

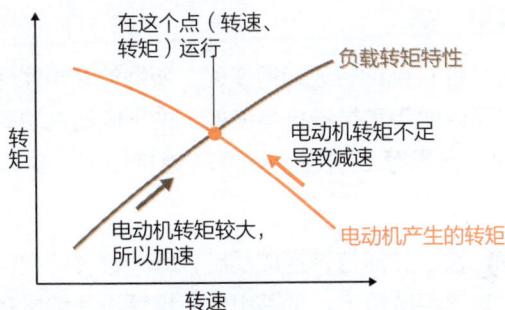

▲ 电动机和负载的转矩特性

电动机必须在特定转速下提供足以驱动负载的转矩。如果电动机的输出转矩大于负载所需的转矩，电动机将加速；反之，若输出转矩小于负载转矩，电动机则会减速。换句话说，电动机的稳定运行状态是在其输出转矩与负载转矩相等的转速下实现的。

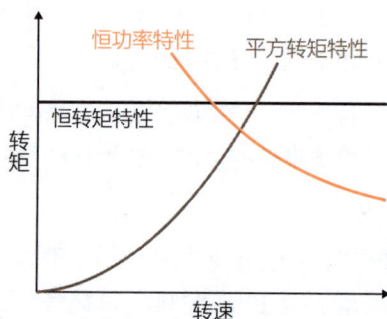

▲ 负载的转矩特性

根据机械原理和特性,负载转矩的表现形式各不相同。通常,负载转矩特性可分为以下几种类型,许多机械设备的负载特性均符合其中一种。

恒转矩特性:无论转速如何变化,所需的转矩保持不变。这种特性常见于传送带和卷扬机等设备。由于电动机功率是转矩与转速的乘积(参见第 9 讲),在恒转矩特性下,功率与转速成正比。

恒功率特性:转速与转矩成反比,即无论转速如何变化,电动机的输出功率保持恒定。车辆和卷取机等设备常具有此特性。例如,网球场中平整场地的滚轮在启动时较重,但运动起来后阻力减小,这种变化即体现了恒功率特性。

平方转矩特性:转矩随转速的平方变化。在此情况下,电动机功率与转速的立方成正比。处理流体(空气或水)的设备,如风扇和泵,通常具有这种特性。

　　在日常生活中，最直观体现电动机旋转功能的家用电器莫过于电风扇。普通电风扇通常采用**单相交流电动机**的一种——电容电动机（参见第 34 讲）。

　　这种电动机只需接入普通家用电源即可运行，并支持强、中、弱三挡转速调节，且价格较为经济。然而，即使选择弱风挡降低转速，电流的减小幅度也有限，因此功耗并不会显著降低。

　　近年来，**直流电风扇**逐渐受到市场青睐。**直流电风扇**之所以得名，是因为其采用直流电动机（参见第 2 章）的一种——**无刷电机**（参见第 3 章）。然而，家用插座提供的是**交流电**（参见第 29 讲），无法直接驱动直流电动机。为此，直流电风扇内部集成了将交流电转换为直流电的整流器（参见第 61 讲）。

　　无刷电机具有优异的转速控制性能，可实现超低速运转，能够产生极为柔和的微风。此外，与传统交流电动机相比，无刷电机的效率更高，功耗也显著降低。

　　除了电风扇，换气扇等设备同样由电动机驱动，但目前仍以**单相交流电动机**为主。由于换气扇的转速通常保持固定，多采用**罩极电动机**（参见第 34 讲）驱动。

第 11 讲 了解电动机的种类

电动机的种类 ///　　　　　　　　　　　☑电动机分类

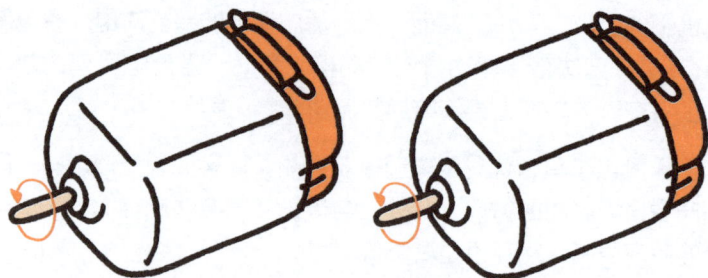

　　电动机根据电源的类型可分为**交流电动机**和**直流电动机**两大类。此外，还存在一类使用专用电源的电动机，通常需要配备专用的控制器（**驱动器**）才能正常运行。

　　电动机按电源类型分类，源于早期**电力电子技术**尚未发展时，交流电与直流电之间的转换极为困难。**直流是指电流始终沿单一方向流动，而交流则是指电流方向周期性变化**。过去，两种电源的相互转换技术复杂且成本高昂。然而，随着电力电子技术的发展，即使使用电池等直流电源，也能轻松驱动交流电动机；同样，交流电源驱动直流电动机也变得简单易行（参见专栏 1)。不仅如此,电力电子技术还赋予了电动机更灵活的控制能力。

　　因此,除非电动机直接连接到电源运行,否则我们不必过于纠结是"交流电动机"还是"直流电动机"。然而,为了深入研究电动机的性能和特性,仍需根据输入电源是交流还是直流进行分类。

▼ 电动机的分类

电源类型	电动机特征	电动机名称
直流电 (第 2 章)	永磁式	永磁直流电动机
	他励式	他励直流电动机
	自励式	串励直流电动机 并励直流电动机 复励直流电动机
交流电 (第 4、5 章)	同步电动机	绕线式同步电动机
		表贴式永磁电动机(SPM)
		内嵌式永磁电动机(IPM)
		磁阻电动机
	感应电动机	鼠笼式感应电动机 绕线式感应电动机
	单相交流电动机	单相感应电动机 单相同步电动机
专用电源 (驱动器)		无刷电机(第 3 章)
		步进电机(第 6 章)
		开关磁阻(SR)电动机(第 6 章)

　　接下来,我们将首先介绍结构较为简单的直流电动机(详见第 2 章、第 3 章),随后再探讨交流电动机及其他类型电动机(详见第 4 章及后续章节)。

什么是磁化？

前文提到，铁会发生磁化现象。那么，磁化究竟是什么？下面对此进行详细解释。虽然精确描述磁化现象需要借助量子力学理论，但这里介绍量子力学出现之前的主流解释。

磁铁无论被分割成多小，依然会保留磁性。基于这一现象，人们提出了**分子磁铁学说**，认为磁铁是由无数微小的"分子磁铁"构成的。

在物质内部，这些分子磁铁的排列方向通常是不规则的。施加外部磁场时，分子磁铁会逐渐趋向于朝同一方向排列。一旦它们的排列方向一致，物质便形成了磁极，这一过程即为**磁化**。然而，当所有分子磁铁的方向都已一致时，即使进一步增强外部磁场，磁极的强度也不会再增加，这种状态被称为**磁饱和**。

当外部磁场消失后，分子磁铁的方向大多会恢复为不规则排列状态，但仍有部分分子磁铁会保持原来的排列方向。这便是**剩磁**。所谓"永磁体"，指的就是那些剩磁较大的物质。

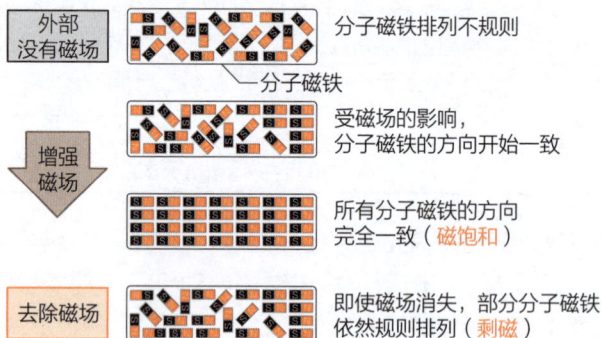

外部没有磁场		分子磁铁排列不规则
	分子磁铁	
增强磁场		受磁场的影响，分子磁铁的方向开始一致
		所有分子磁铁的方向完全一致（磁饱和）
去除磁场		即使磁场消失，部分分子磁铁依然规则排列（剩磁）

▲ 分子磁铁的磁化说明

第 **2** 章 电动机的基础:
直流电动机

直流电动机是一种以直流电源作为驱动电源的电动机。在第 2 章中,我们将剖析直流电动机的原理,系统学习电动机的基本知识。

第(12)讲 电动机的结构与分类

电动机的结构 ///　　　☑转子　☑定子　☑轴　☑气隙

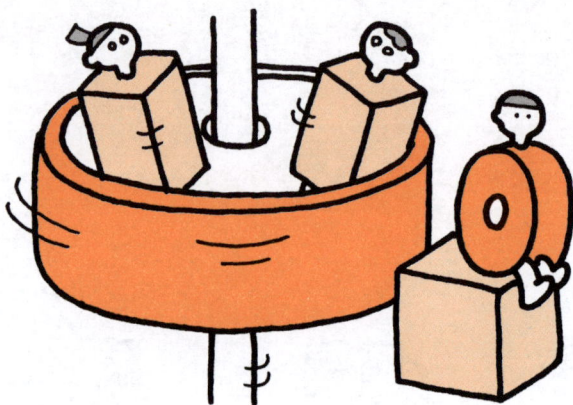

　　电动机是一种能够产生旋转运动的机械装置。从机械结构的角度来看，电动机主要由两大部分组成：旋转的部分，被称为**转子**；固定不动的部分，被称为**定子**。电动机的旋转是通过电流和磁场相互作用产生的，而这一过程正是由转子和定子共同完成的。

　　除了转子和定子，电动机还包含其他重要部件。为了使转子能够顺畅旋转，**轴承**将其与定子连接在一起。**外壳**（也称**机壳**）

用于固定整个电动机的结构，而**轴**是将旋转力传递给外部负载的关键部件。

　　转子和定子之间存在非常小的间隙，被称为**气隙**。尽管气隙看似只是一道空隙，但它却是电动机中至关重要的部分，因为电动机的旋转依赖于气隙中磁场的作用。例如，气隙长度不均匀或偏心，会导致电动机运行不平稳。

　　根据电动机的类型，线圈可能位于转子上，也可能位于定子上。同样，永磁电动机的永磁体可能位于转子上，也可能位于定子上。

机壳

定子

轴承

轴承

轴

转子

▲ 电动机的结构

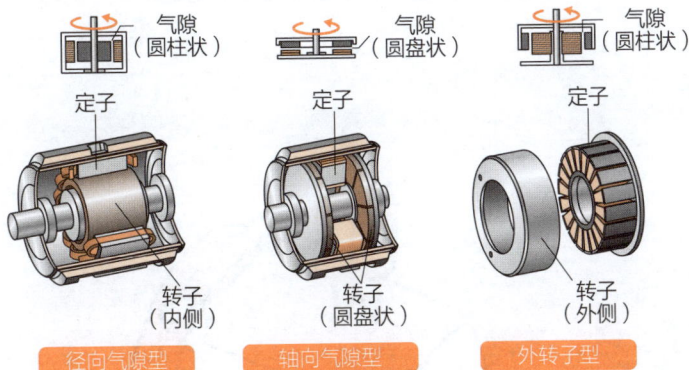

　　根据气隙的形状以及转子与定子的相对位置关系，电动机可分为以下三种类型。

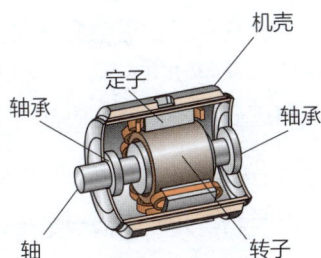

气隙（圆柱状）

定子

转子（内侧）

径向气隙型

气隙（圆盘状）

定子

转子（圆盘状）

轴向气隙型

气隙（圆柱状）

定子

转子（外侧）

外转子型

▲ 电动机的分类

径向气隙电动机

转子位于内部，定子和转子之间的接触面就是气隙。气隙呈圆柱状，磁场的方向与旋转轴垂直，沿着**径向（即半径方向）**分布。这是目前最常见的电动机类型。

轴向气隙电动机

转子呈圆盘状，气隙位于与旋转轴垂直的平面上。磁场方向与旋转轴平行，沿**轴向**分布。由于其结构可使转子设计得较薄，轴向气隙电动机常用于磁盘驱动等。此外，轴向气隙电动机还可以通过在定子两侧各放置一个转子来实现特定设计。

外转子电动机

气隙形状与径向气隙电动机相似，但转子位于外部。其结构特点是可以将转子直接作为驱动对象的一部分，将转子与扇叶一体化的薄型风扇就常采用这种设计。

在本书中，我们将重点介绍径向气隙电动机。

在我们日常生活中，**智能手机**是最常见的通信设备之一。智能手机通常具备振动功能，用于提醒用户来电或消息，而振动效果正是由内置的微型电动机产生的。

智能手机内装有一个体积极小的电动机，其轴上仅在一侧安装了砝码（也称配重）。由于配重的偏心设计，当电动机旋转时，配重侧会产生较大的离心力，从而使电动机周期性振动。这就是振动功能的实现原理。

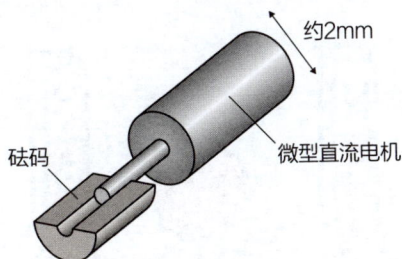

约2mm

砝码

微型直流电机

▲ 智能手机中的电动机

智能手机的电池电压通常约为 3.7V。为了实现振动功能，手机中内置了一种直径仅为 2 ~ 3mm 的微型永磁直流电动机。可以说，我们每天都在不知不觉中随身携带电动机。

现在，你是否感受到电动机其实与我们的生活密切相关呢？

第13讲 直流电动机为何会转？

直流电动机的工作原理 ///　☑旋转原理　☑转矩常数　☑电动势常数

　　直流电动机是一种通过直流电源驱动的电动机，其旋转原理可以通过第6讲介绍的电动机基本原理来解释。假设左右两侧分别放置有永磁体的N极和S极，中间设置一个导体线圈。此时，永磁体是静止的，属于定子部分；而线圈会旋转，属于转子部分。这就是常见的永磁直流电动机的基本结构。

　　转子上的线圈两端连接到**换向器**的换向片上。换向器与固定在定子上的**电刷**保持接触。电刷不会随转子旋转，而换向器则在与电刷接触的同时，随线圈一起旋转。

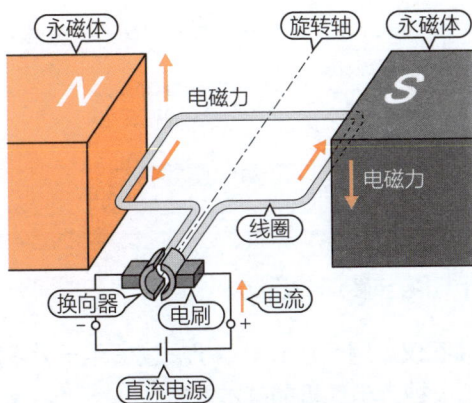

▲ 直流电动机的旋转原理

　　电刷与外部直流电源相连，电流通过电刷和换向器流入线圈。在定子永磁体产生的磁场中，通电线圈会受到电磁力的作用。力的方向遵循**弗莱明左手定则**。因此，线圈的左侧和右侧受到的力方向相反，从而产生转矩，驱动电动机旋转。

　　电动机产生的转矩与电流的大小成正比，这一比例常数被称为**转矩常数**。对于永磁电动机，转矩常数是其固有的特征值。这意味着只需调节电流大小即可控制转矩。

转矩与电流的关系

$$T = K_\mathrm{T}\, I$$

转矩（N·m）　转矩常数（电动机固有的特征值）　电流（A）

　　接下来，我们讨论电动势。当电流通过时，电动机开始旋转，转子线圈在永磁体的磁场中运动，从而在线圈内产生**感应电动势**。感应电动势的大小与转速成正比，这一比例常数被称为**电动势常数**。对于永磁电动机，电动势常数同样是其固有的特征值。

**感应电动势与
转速的关系**

$$E = K_E \omega$$

感应电动势
（V）

角速度（rad·s⁻¹）

电动势常数
（电动机固有的特征值）

综上所述，电动机有以下两个重要特性：

- 转矩与电流成正比；
- 感应电动势与转速成正比。

这些特性不仅适用于直流电动机，也适用于大多数其他类型
的电动机，可以视为电动机的基本性质。

对于不使用永磁体的直流电动机，定子上同样设有线圈，通
过向线圈通电产生电磁场。调节定子线圈中的电流，可以改变转
矩常数和电动势常数。

专栏 4　CD、电动机与角速度

通过显微镜观察 CD 或 DVD 的表面，可以发现其上刻有细小的凹槽。音视频（AV）设备通过读取这些凹槽，从光盘中提取音乐或图像数据。

值得注意的是，光盘内圈与外圈的周长存在差异。这导致光盘旋转时，尽管内圈与外圈的角速度相同，但线速度却不同。

线速度是我们日常理解的速度概念，如一辆车以 60km/h 的速度行驶，表示的是物体在单位时间内移动的距离。

角速度则描述旋转物体在单位时间内转过的角度，通常以弧度（rad）为单位，360°=2π rad。因此，物体每秒旋转一圈的角速度为 2π rad/s。

以时钟为例加以说明：时针旋转时，其角速度是恒定的，但指针根部与尖部的线速度却不同。这表明，即使角速度恒定，线速度也会因位置不同而发生变化。CD 和 DVD 的情况与此类似。为了确保光盘内圈与外圈的读写速度一致，必须通过调节角速度（即转速）来保持线速度恒定。

这种速度控制通常由**无刷电机**（参见第 3 章）或**主轴电机**（参见第 50 讲）来实现。此外，AV 设备中还广泛应用了其他类型的电动机，用于磁头驱动、光盘进出等控制。

第 14 讲 电刷与换向器的作用

直流电动机的工作原理 ///　　☑换向器　☑电刷　☑铁芯

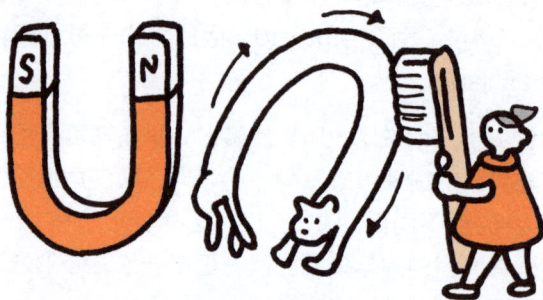

　　正如第 13 讲所述，直流电动机通电后会产生转矩。然而，仅靠这一点并不能使电动机持续旋转，这在第 6 讲关于电动机旋转原理的内容中也提及过。

　　例如，假设第 33 页图中的线圈旋转 90° 后呈纵向，此时连接电源的电刷不再与换向器接触，导致电流无法进入线圈，转矩消失，电动机停止旋转。为避免这种情况，实际的直流电动机通常采用三个或更多的导体（线圈）。此外，为保持旋转方向一致，当线圈靠近永磁体时，电流必须始终沿固定方向流动。这一功能的实现依赖于**电刷**和**换向器**。

　　换向器是安装在转子上的旋转电极，通常具有多个换向片且换向片之间彼此绝缘。电刷则是固定在定子上的电极。换向器在旋转过程中始终与电刷保持接触，确保电流持续流入线圈。线圈中电流的方向由换向器与电刷的接触位置决定。由于到达相同位置的线圈始终流过相同方向的电流，因此转矩能够持续沿同一方向产生。

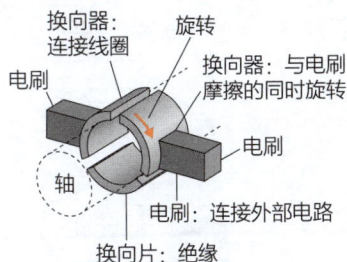

▲ 电刷与换向器的关系

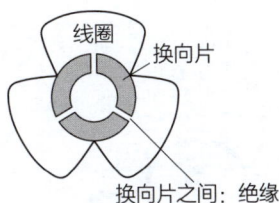

▲ 线圈的接线

　　换向器与线圈的连接方式如上图所示。无论转子旋转到什么位置，三个线圈中至少有一个会通电，从而持续产生转矩。

　　值得一提的是，电刷并非字面意义上的毛刷，而是由石墨等导电材料制成的"碳刷"。"电刷"这一名称源于早期电动机使用铜线束作为接触元件的历史。

　　在实际的直流电动机中，转子的线圈通常缠绕在**铁芯**上以增大磁场强度。铁芯的具体作用将在第 28 讲阐述。较大功率的直流电动机通常会增加线圈数量，以实现更平稳的旋转。相应地，换向器的换向片数量也会根据线圈数量进行调整。

第 15 讲 直流电动机转速与电压的关系

直流电动机的工作原理 /// ☑转矩 ☑电流 ☑感应电动势 ☑转速

现在，我们通过几个简单的公式来分析直流电动机的运行状态。先回顾第 13 讲提到的两个公式：

转矩与电流的关系

$$T = K_\mathrm{T}\, I$$

转矩（N·m）　转矩常数（电动机固有的特征值）　电流（A）

感应电动势与转速的关系

$$E = K_\mathrm{E}\, \omega$$

感应电动势（V）　电动势常数（电动机固有的特征值）　角速度（rad·s⁻¹）

以角速度 ω（rad/s）表示转速时，已知转矩常数 K_T 等于电动势常数 K_E，那么，直流电动机的转速与外部施加电压之间的关系如何呢？

当直流电动机通电并旋转时，线圈中会产生感应电动势。

该电动势的方向与外部施加电压相反，从而抵消部分外部电压。因此，实际流入电动机的电流 I 取决于外部施加电压 V（端电压）与反电动势 E 之差。设线圈电阻为 R，则有

$$I = \frac{V - E}{R}$$

端电压 感应电动势（V）（V）　电流（A）　线圈电阻（Ω）

只要已知线圈电阻 R（Ω）和转矩常数 K_T（N·m·A^{-1}），即可确定端电压 V、电流 I 和转速 ω 之间的关系。

下图展示了转矩与转速的关系，以及电压分三挡（V_1、V_2、V_3）变化时的特性曲线。

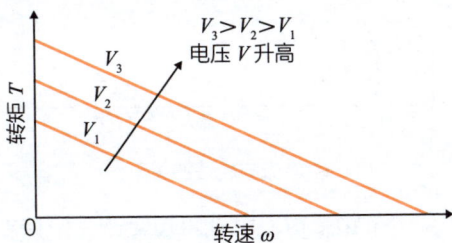

▲ 转速与转矩的关系

当外部施加电压恒定为 V_1 时，转矩与转速呈线性负相关关系，即转速越低，产生的转矩越大。

由于转矩与电流成正比，电流也会随电压变化而改变。当电压从 V_1 逐步升高至 V_2、V_3 时，特性曲线会向上平行移动。这表明电压越高，直流电动机的转速越高，同时产生的转矩也越大。

电压曲线与横轴的交点表示转矩为零时的转速，即电动机空载转速。当电压从 V_1 升高到 V_2、V_3 时，空载转速也随之提高。转矩为零意味着电动机无负载，仅空转。即使在空载状态下，通过提高电压仍可提升转速。此外，电压曲线与纵轴的交点表示转速为零时的转矩，即在该电压下电动机能够输出的最大转矩。

该特性图不仅反映了电动机的转矩特性，还体现了负载转矩。当电动机驱动某一负载旋转时，若已知**转速**、**电压**和**电流**，可通过特性图直接读取负载转矩。

接下来，我们分析转速与电流的关系。下图展示了电压分三挡（V_1、V_2、V_3）变化时的特性曲线。可以看出，只要知道电流或转速中的一个，就能够推算出另一个。

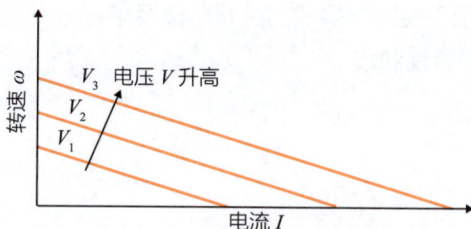

▲ 电流与转速的关系

通过以上分析可知，直流电动机仅需调节电压即可控制转速和转矩。正因如此，长期以来，直流电动机被广泛应用于众多领域。

专栏 5 电动机控制与家用电器①：空调

直流电动机的控制具有较高的灵活性，这种特性带来了哪些实际好处呢？下面以常见的家用电器——空调为例进行探讨。

在众多家用电器中，空调的耗电量通常居于首位。一般情况下，空调的平均功率消耗在 800 ~ 3000W 之间，其中大部分用于驱动电动机。

空调内部集成了多个电动机。除了室内机和室外机的风扇，室外机中的**压缩机**也依赖电动机运行。压缩机是一种用于压缩和输送冷媒的核心部件，通常需要大功率电动机来驱动。

第一代空调的压缩机采用**感应电动机**（参见第 33 讲），通过**温控器**控制电动机的启停。这种控制方式虽然简单，但效率较低，容易造成能量的浪费。

第二代空调仍使用感应电动机，但引入了**变频器**来调节交流电压和频率（参见第 40 讲）。这一技术使得空调能够实现快速制冷或制热，避免了频繁开关导致的温度波动，同时显著降低了耗电量。

如今，第三代空调已广泛普及。这一代空调采用**永磁同步电动机**（参见第 36 讲），其在低速运行时的效率更高，从而进一步减小了全年的能耗。

由此可见，通过优化电动机控制方式，不仅可以提升空调的运行性能，还能有效节能。

第 16 讲　直流电动机的性能可以通过曲线表示

直流电动机的工作原理 /// ☑特性曲线　☑空载运行　☑启动转矩

　　正如我们之前用特性曲线表示转矩与转速的关系，直流电动机的性能也可以用特性曲线来表示。下图就是根据某直流电动机的测量结果绘制的**特性曲线**。

　　在测量过程中，保持端电压恒定，改变电动机的转矩，记录相应的电流和转速。输出功率和效率则根据测量值计算得出。

　　横轴表示转矩。通过该图，可以清晰观察到**不同转矩下各性能参数的变化**。例如，根据虚线标示的某一转矩值，可以读取对应的"转速"和"电流"等值。

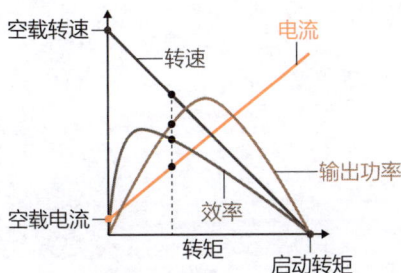

▲ 直流电动机的特性曲线

当转矩为零时，电动机**空载运行**。此时，转速曲线与纵轴的交点为**空载转速**，表示在给定电压下电动机能够达到的最高转速。电流曲线与纵轴的交点为**空载电流**。根据理论公式，电流与转矩成正比，转矩为零时电流理论上也应为零，但实际中由于存在损耗，电流不会为零，因此电流曲线与纵轴的交点位于零以上的位置。此外，当转速为零时，转矩曲线与横轴的交点为**启动转矩**，即电动机启动时所能提供的最大转矩。

输出功率和效率可以通过以下公式计算：

$$输出功率 (W) = 转矩 (N \cdot m) \times 转速 (rad \cdot s^{-1})$$

$$效率 (\%) = (输出功率 \div 输入功率) \times 100\%$$

其中，输入功率 $(W) =$ 电压 $(V) \times$ 电流 (A)。

通过该图，还可以读取**效率达到最大值时的转矩**，以及**输出功率达到最大值时的转矩**等关键信息。此外，通过该图还可以评估电动机在实际负载运行时的性能余量。

通常，电动机的特性曲线是在额定电压下测绘的。若改变电压进行测量，则可进一步了解电压变化对电动机性能的影响。在电动机的产品手册中，通常会提供此类特性曲线或汇总性能参数的表格（即**数据表**），以供用户参考。

第 17 讲 永磁电动机与励磁电动机

　　到目前为止，我们主要讨论了使用永磁体的直流电动机。接下来，我们将介绍不使用永磁体的直流电动机，这在第 13 讲中也有所提及。

　　在此，我们根据功能对电动机的各部分进行分类命名。产生磁场的称为**励磁**部分，而负责电能与机械能转换的称为**电枢**部分。这些名称与转子或定子的物理位置无关，而是基于功能的定义。这些术语不仅适用于直流电动机，也适用于其他类型的电动机。

在直流电动机中，转子通常作为电枢部分，定子则作为励磁部分。直流电动机可根据励磁方式进行分类。我们之前介绍的使用永磁体产生磁场的直流电动机，称为**永磁式**。如果励磁部分采用绕组产生磁场，则可以分为多种方式。

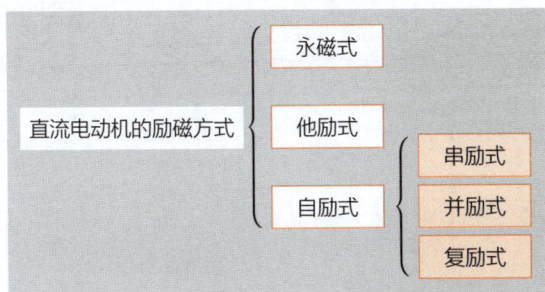

▲ 直流电动机的励磁方式

若励磁绕组的电流由独立电源提供，则称为**他励式**；若励磁绕组和电枢绕组共用同一电源，则称为**自励式**。

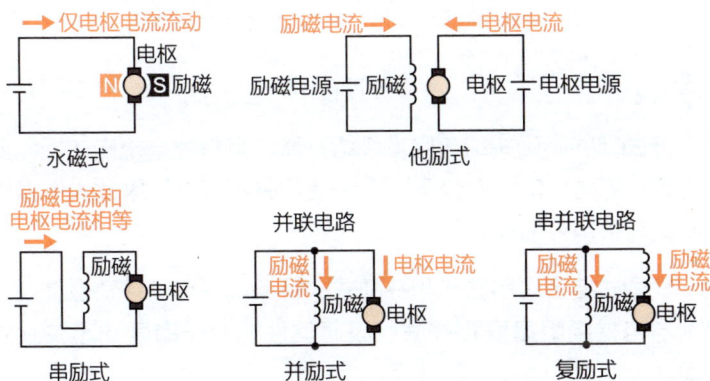

▲ 各种直流电动机

他励式通过调节励磁电源可以改变磁场强度。因此，即使转矩因电枢电流变化而有所波动，也可以通过调节励磁电源使转速保持恒定，从而实现精确控制。

自励式可进一步细分为串励式、并励式和复励式三种。

串励式的励磁绕组与电枢绕组串联。由于励磁电流与电枢电流相同，串励式电动机具有转矩与转速成反比的特性。也就是说，在端电压恒定时，无论转矩或转速如何变化，电动机的输出功率基本保持不变。这种串励特性，适用于车辆等需要恒定输出功率的负载。

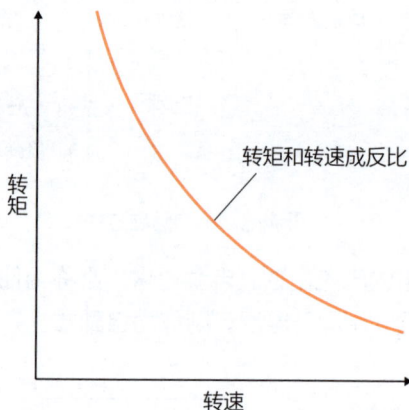

转矩和转速成反比

转矩

转速

▲ 串励特性

并励式的励磁绕组与电枢绕组并联，其特性与永磁式相似。考虑到永磁材料的成本较高，大量使用并不经济，因此大型直流电动机常采用并励式。

复励式结合了串励式和并励式的特点，设有两种励磁绕组，分别与电枢绕组**串联**和**并联**，因此其性能介于串励式和并励式之间。

电动机控制与家用电器②：冰箱

　　提到家家户户必备的白色家电，冰箱无疑是其中之一。虽然冰箱的耗电量相较于空调更低，但它需要全年无休、24h 持续运行，可能是家用电器中运行时间最长的设备。

　　早期的冰箱与第一代空调类似，采用感应电动机和温控器来控制内部温度。这种方式简单，但能效较低。然而，随着变频技术的引入，冰箱可以**根据内部温度动态调节电动机的转速**。一旦达到设定温度，电动机便可降低转速以减小能耗。此外，若因开启冰箱门导致温度上升，只需提高转速即可快速制冷。甚至在夜间等特定时段，降低转速还能有效减小运行噪声。

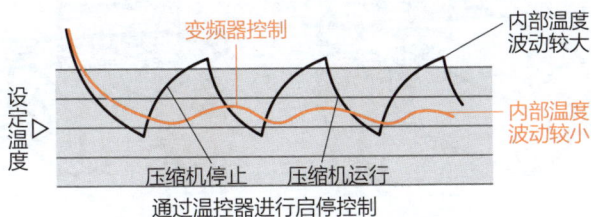

▲ 温控器控制与变频器控制的比较

　　如今，冰箱也普遍采用了永磁同步电动机。与空调类似，这种电动机在长时间低速运行时效率较高，从而显著降低了全年的耗电量。通过优化电动机控制技术，冰箱在节能与实用性上均得到了显著提升。

第 18 讲　直流电动机控制真的简单吗？

直流电动机的控制 /// ☑控制 ☑串并联切换 ☑莱昂纳德法

　　控制是电动机实际应用中的关键因素。直流电动机可以通过改变端电压来调节转矩和转速（参见第 15 讲）。那么，在实际操作中如何实现端电压的调节呢？下面介绍几种经典方法。

　　在同时使用多台直流电动机的**电力机车**中，常用的一种方式是通过切换电动机的连接方式来调节电压。例如，将两台直流电动机在串联和并联状态之间切换。并联时，电源电压直接作为每台电动机的端电压；而串联时，每台电动机的端电压变为电源电压的一半。通过这种切换方式，端电压可以分为两挡，从而实现转速和转矩的调节。

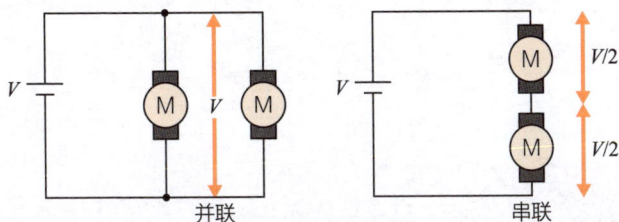

▲ 串并联切换控制

看到这里,有人可能会问:"何必这么麻烦,直接改变电源电压不就可以调节端电压了吗?"然而,实际中直接改变直流电压并不容易,因此需要探索其他方法。其中一种常见方法是在直流电动机驱动电路中串联电阻,并通过开关控制电阻是否短路(即**旁路**)。这样,电动机的端电压会因电阻分压而降低。

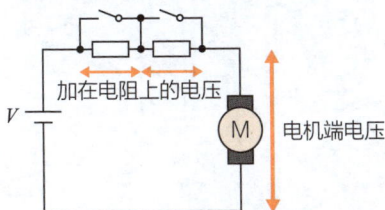

▲ 通过电阻调整电压

然而,这种串联电阻的方法存在弊端。降低端电压后,流经电动机的电流同样会通过电阻,导致电阻发热。虽然这种方法可以降低电动机电压,从而减小转矩和转速,但电阻本身的能耗使得整体系统并不节能。

另一种方法是使用直流发电机来控制大型直流电动机。通过**调节发电机来改变直流电压**。虽然这种方法需要额外的发电机,系统规模较大,但在工厂等场合中还是经常使用。这种方法以发明者的名字命名,被称为莱昂纳德法。还有其他基于电力电子技术的控制方法,我们将在第 20 讲详细介绍。

第19讲 什么是电枢反应?

直流电动机的控制 /// ☑电枢反应 ☑增磁 ☑减磁 ☑换向极 ☑补偿绕组

在大型直流电动机中,**电枢反应**是一个常见且重要的现象。直流电动机的工作原理是通过励磁磁场与电枢绕组中的电流相互作用产生力。然而,除了永磁体或励磁绕组产生的励磁磁场,电枢绕组中的电流也会产生一个额外的磁场。

如下图所示,图 (a) 描述了电枢绕组中没有电流时,励磁产生的磁力线从 N 极直接回到 S 极的情形。而图 (b) 展示的是励磁绕组中没有电流,仅电枢绕组中有电流时,电枢绕组自身产生的另一个磁场。

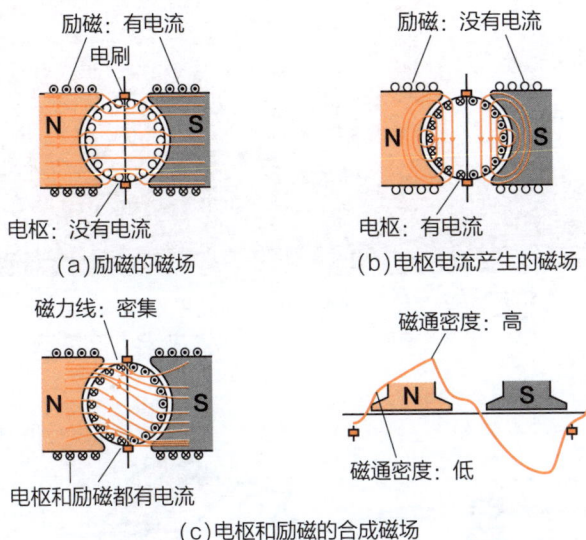

励磁: 有电流
电刷
电枢: 没有电流
(a)励磁的磁场

励磁: 没有电流
N　S
电枢: 有电流
(b)电枢电流产生的磁场

磁力线: 密集
N　S
电枢和励磁都有电流

磁通密度: 高
N　S
磁通密度: 低

(c)电枢和励磁的合成磁场

▲ 电枢反应

　　直流电动机实际运行时的磁场是上述两种磁场的合成, 结果如图 (c) 所示。也就是说, 根据位置的不同, 磁场会出现磁通密度较高的部分(**增磁**)和磁通密度较低的部分(**减磁**)。虽然总磁通量保持不变, 但磁场分布变得不均匀。如果增磁部分的磁通密度过高, 还可能导致**磁饱和**, 进一步减小磁通量。这种由电枢电流引起的磁场分布偏差现象被称为**电枢反应**。它会导致磁场与电流的关系在局部发生变化。

　　为了增大直流电动机的转矩而增大电枢电流时, 电枢反应会随之加剧, 导致电流与转矩不再严格成正比关系。此外, 电枢反应还可能导致电刷与换向器之间产生火花, 影响电动机运行的稳定性。为了解决这些问题, 大型直流电动机通常会设置**换向极**或额外的**补偿绕组**, 以减轻电枢反应的不利影响。

第 20 讲　什么是斩波控制？

电力电子技术是一种利用**半导体器件**（如 MOSFET、IGBT 等）进行功率控制的技术（参见第 11 讲及专栏 8）。随着电力电子技术的发展，直流电动机的**斩波控制**技术应运而生。

"斩波"一词形象地描述了通过快速开关操作将直流电压"切碎"为脉冲电压的过程。斩波器（chopper）这种电力电子电路，通过高频开关操作调节输出电压的大小。相比传统的电阻调压和变压器调压，斩波器具有更高的效率，因为其主要通过开关状态的转换而非能量耗散来实现电压调节，能量效率较高。

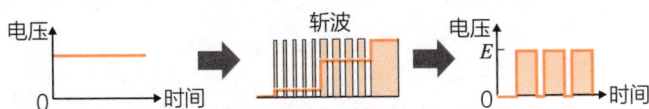

▲ 斩波控制的原理

被"切碎"的电压如下图所示，可以看作面积相等的平均电压。换句话说，通过调整斩波器开关器件的通断时间比例（即占空比），可以连续调节输出电压的大小。

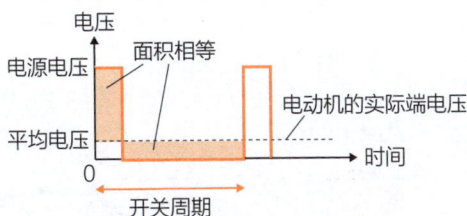

▲ 通过斩波器进行电压控制

借助斩波器，直流电动机的控制性能得到了显著提升。对于并励式直流电动机，可以通过**励磁斩波器**控制励磁电路，同时用**电枢斩波器**控制电枢电路，实现多种控制策略。

斩波器体积小巧，且能够实现连续电压调节，因此由直流电动机与斩波器组成的电动机驱动系统（参见第 41 讲）得到了广泛应用。此外，只需改变电流的正负极，斩波器就能轻松实现直流电动机的反转。这使得直流电动机在电力机车和电动汽车领域一度占据主导地位。

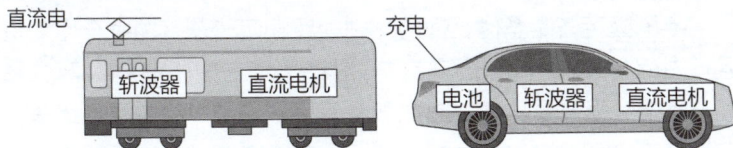

▲ 使用斩波器控制的电动机驱动系统

第 21 讲 直流电动机的弱点在电刷？

直流电动机的特性 /// ☑滑动 ☑磨损 ☑换向

　　直流电动机虽然控制简单、使用方便，但存在一个显著的弱点：运行中必不可少的电刷和换向器。

　　电刷固定在定子侧，换向器则固定在转子侧，两者在电动机运行时保持接触并伴随旋转——**滑动**接触。由于滑动会产生摩擦，而接触面需要导电，因此无法使用润滑油——油是绝缘体，不适用于电刷与换向器之间。结果，摩擦不可避免地导致接触面逐渐**磨损**。

　　除摩擦外，滑动接触对于电流也是一个问题。下图展示了电刷与换向器之间的电流情况。

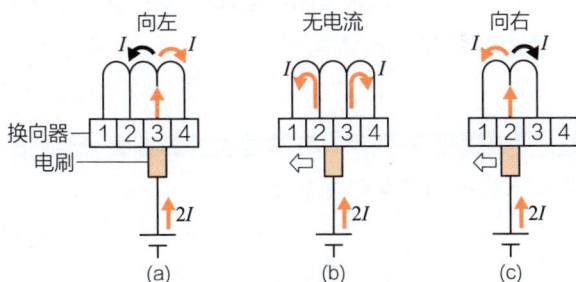

　　▲ 电刷与换向器之间的电流

　　上图描述了换向器旋转时，电刷接触的换向片从 2 移动到 3 的情形。在 (a)、(b)、(c) 任一位置，电刷中的电流始终保持从下到上的方向，且大小恒定为 $2I$（A）。

　　线圈接在换向片之间，每个换向片连接两个相邻线圈。此处我们重点关注换向片 3 与换向片 2 之间的线圈。

　　在 (a) 位置，电刷电流流入换向片 3，随后分流至 3 → 2 和 3 → 4 的线圈，每条路径的电流为 I（A），其中 3 → 2 线圈中的电流向左流动。在 (b) 位置，电刷同时向换向片 2 和 3 供电，导致 3 → 2 线圈中的电流为零。到了 (c) 位置，电刷仅向换向片 2 供电，此时 3 → 2 线圈中的电流方向变为向右流动。也就是说，尽管电刷中**电流的大小和方向不变**，但**线圈中电流的方向会因旋转而发生变化**。

　　电流方向突然改变会在电路中引发多种问题，其中之一是产生**火花**。在电流方向改变（即换向）的瞬间，电刷与换向器之间容易产生火花。火花会进一步加剧电刷和换向器接触面的磨损。此外，还要考虑火花对周围气体环境的影响。

在直流电动机中，电刷与换向器接触面的磨损从原理上是不可避免的。因此，通常选用硬质材料制造旋转的换向器，而使用较软的材料制造电刷，以便磨损主要集中在电刷上。电刷位于定子侧，更换相对容易。在大型电动机中，电刷需要定期检查和更换。

正是因为电刷这一弱点，在需要长寿命或高可靠性的应用场景中，直流电动机的应用已逐渐减少。

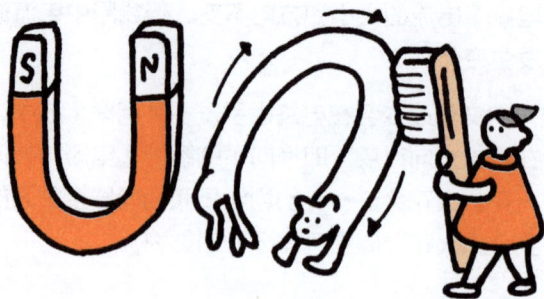

第 **3** 章 电子换向的无刷电机

为了解决直流电动机中电刷带来的诸多问题，人们通过电力电子技术替代了电刷的换向功能，从而开发出无刷电机。这种电动机在直流风扇和小型无人机等设备中得到了广泛应用。在这一章，我们将深入探讨无刷电机的工作原理、性能特点及其显著优势。

用电子技术
替代电刷功能

无刷电机的工作原理 ///　　　　　　　　　☑电流换向

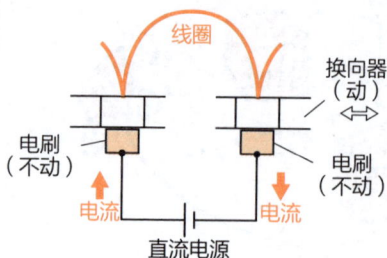

▲ 电刷和换向器的作用

线圈

换向器（动）

电刷（不动）

电刷（不动）

电流　　　电流

直流电源

　　在深入了解无刷电机之前，我们先复习一下电刷在直流电动机中的作用（参见第 14 讲）。电刷通常成对出现，分别接电源的正极和负极。其主要功能是通过换向器将电流传输至线圈

（电枢），并在换向器旋转时切换线圈中电流的方向，从而维持电动机旋转。

　　具体来说，正极电刷将线圈连接到电源正极，负极电刷则连接到电源负极。当换向器旋转到特定位置时，与之相连的线圈电流方向会反向切换。

　　也就是说，如果**为线圈（电枢）安装两组开关并交替操作，即可实现线圈与电源正极或负极的连接切换**。

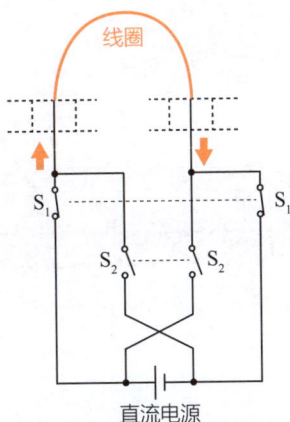

▲ 通过开关切换电流

　　如上图所示，开关 S_1 和 S_2 是联动的：关闭 S_1 并打开 S_2 时，线圈中的电流会反向流动。通过这种方式，即便没有电刷，也能实现电流方向的切换，达到类似电刷的效果。

　　然而，将这一方式应用于实际电动机仍需进一步改进。首先，在传统直流电动机中，线圈通常位于转子上（参见第 12 讲），电刷的作用是为转子上的线圈供电。为消除电刷，我们可以将线圈固定在定子上，从而便于直接连接开关进行电流控制。然后，将**永磁体作为转子**，用于**励磁**。

　　除此之外，电刷和换向器还具备另一关键功能：根据励磁磁极的位置自动切换线圈电流方向。在 N 极和 S 极附近，电流方向会切换为相反方向。因此，若要通过电子开关实现电流换向，必须准确得知磁极位置，以确定线圈中电流的正确方向。为此，需要引入**磁极传感器**来检测转子磁极是靠近 N 极还是 S 极，以便适时切换开关状态。

第 23 讲　无刷电机是如何旋转的?

无刷电机的工作原理 /// ☑磁极传感器　☑换流装置　☑驱动器

　　无刷电机是一种以**线圈作为定子、永磁体作为转子**的电动机,与普通直流电动机(有刷电机)的结构正好相反。定子绕组通过开关连接到电源,并由电动机内部的磁极传感器检测转子磁极位置的变化,以切换线圈电流的方向。换流通常采用晶体管等半导体器件实现。

　　无刷电机可视为包含**磁极传感器**和**换流装置**的集成系统。当直流电压输入该系统时，电动机即可旋转。换流装置根据转子位置，动态切换各绕组中电流的方向。转速越快，换流频率越高。

　　换流装置是为特定电动机专门设计的，通常作为该电动机的专用部件。如果换流装置与电动机之间的连接线过长，可能会引发电磁干扰或其他问题。因此，换流装置一般安装在电动机附近，甚至直接集成于机壳内，形成一体化的无刷电机。

　　下图展示了一体化无刷电机的典型结构，磁极传感器通常安装在永磁体转子的端面侧，用于检测磁极位置。

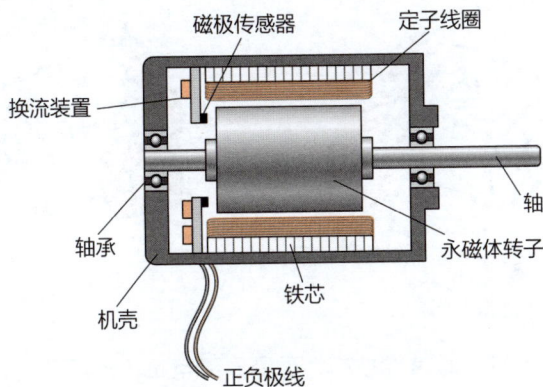

▲ 无刷电机的内部结构（一体型）

　　可以用磁极传感器通过检测磁性来分辨 N 极和 S 极，也可通过在转子上安装带通孔的圆盘（码盘），利用光线遮挡或透过效应来确定旋转位置。这种通过传感器控制的换流装置通常被称为**驱动器**。

　　当外部直流电压输入到与驱动器一体化的电动机时，电动机会根据电压大小进行旋转。其使用方式与有刷电机类似，但无刷设计避免了机械换向器的磨损，效率更高，寿命更长。

第 24 讲 无刷电机有转速上限吗？

无刷电机的工作原理 ///　　☑短时运行区　☑连续运行区

　　无刷电机，通常也被称为**无刷直流电机**（BLDC 电机）。虽然在电动机分类中未明确将其归为直流电动机，但由于其使用方式与永磁直流电动机相似，因此也常被冠以"直流"之名。

　　输入到无刷电机驱动器的直流电压可以视为等同于输入到永磁直流电动机端子的直流电压。因此，可以通过电压和电流大小，应用永磁直流电动机的特性公式来描述无刷电机的运行特性。这意味着无刷电机继承了永磁直流电动机的一些基本特性，如**转矩与电流成正比**，以及**调整电压即可控制转速**的便利性。

　　然而，无刷电机与永磁直流电动机并非完全相同，二者的主要区别在于换流装置（驱动器）的电流上限。由于**换流装置存在**

电流上限，无刷电机因此具有由电流上限决定的转矩上限。换流装置通常使用晶体管等半导体器件作为开关，这些器件存在电流承载上限。若持续通过大电流，半导体器件会因过热而损坏。此外，半导体器件还有**温度上限**，即使短时间超过这一限制，也可能导致永久性损坏。

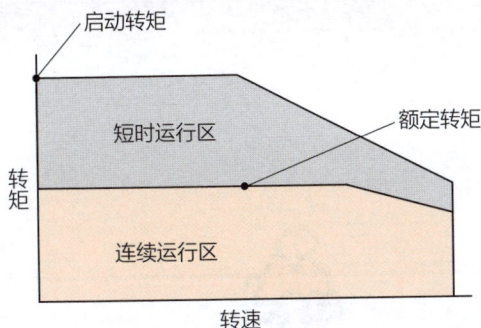

启动转矩

短时运行区

额定转矩

转矩

连续运行区

转速

▲ 无刷电机的特性

　　无刷电机的特性图，转矩上限表现为一个固定值，反映了电流的上限。同时，其运行区域通常分为**短时运行区**和**连续运行区**。这么划分是为了避免换流装置因长期大电流运行而过热。

　　理论上，若能提高换流装置的电流上限，无刷电机的特性曲线将更接近永磁直流电动机。然而，考虑到实际尺寸、散热条件及成本限制，通常会为无刷电机配备与所需转矩相匹配的驱动器。因此，无刷电机的转速和转矩上限在实际应用中受到驱动器性能的约束，而非单纯由电动机本身决定。换言之，无刷电机存在转速上限，但这一上限主要由驱动器的电流和散热能力，以及输入电压共同决定，而非电动机结构的绝对限制。

第 25 讲　无刷电机的换流

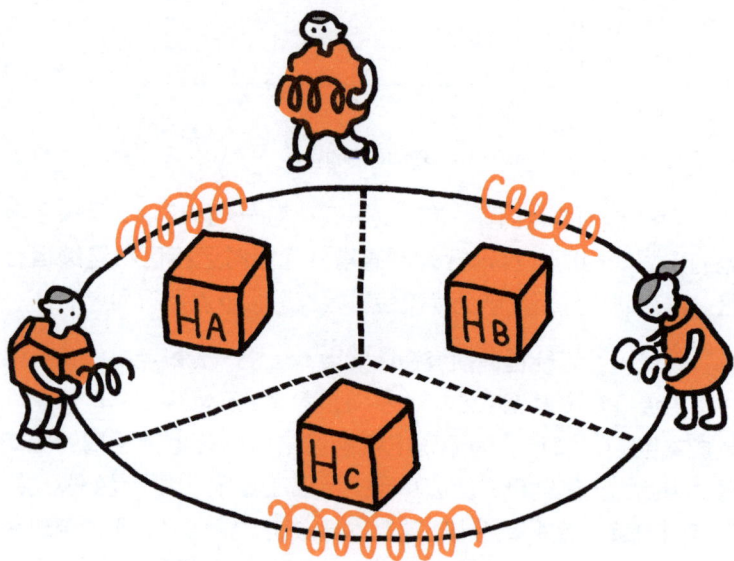

　　下面详细说明无刷电机的换流过程。上图展示了无刷电机的结构，定子绕组分布在整个圆周上，标记为 A、B、C 三个线圈。

　　每个线圈对应一个磁极传感器，分别设有 H_A、H_B、H_C 三个传感器。若采用霍尔元件作为磁极传感器，便可根据霍尔元件的输出信号切换流入各线圈的电流。**霍尔元件**通电时，电流的大小和方向会随磁极极性及磁场强度的变化而改变。根据霍尔元件电流信号的变化，可以检测转子磁极的位置。

我们通过时序图来分析换流的时机。**时序图**表示各设备在不同时间的操作状态，横轴为时间，纵轴为状态。

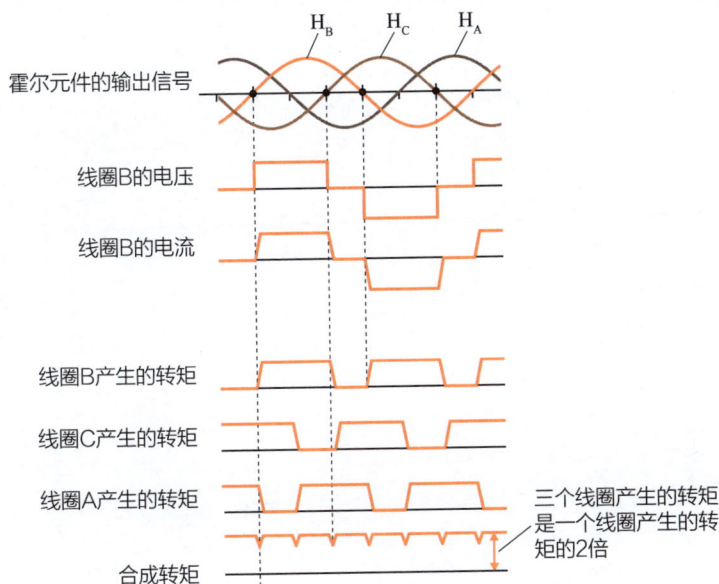

▲ 时序图

霍尔元件的输出信号随转子磁极旋转呈规则的**正弦波**，如图中 H_A、H_B、H_C 的波形。例如，当霍尔传感器 H_B 的输出信号由负转正（即过零）时，对线圈 B 施加正电压，电流开始缓慢上升并流过线圈。由于线圈的电感特性，电流不会立即响应电压变化，而是呈现缓慢增长的过渡现象。

当霍尔元件 H_C 的输出信号由负转正时，关断线圈 B 的正电压。随后，当 H_B 的输出信号由正转负时，对线圈 B 施加负电压，该电压同样在 H_C 的输出信号过零时被关断。

　　通过这种方式，各线圈交替通电，产生驱动转矩。由转矩与电流成正比的关系可知，转矩呈现与电流相似的缓慢上升过程。转子轴上的总转矩为各线圈转矩的合成，基本保持恒定。但是，每次切换电压时，转矩会略微下降，这一现象被称为**转矩脉动**（或转矩波动）。

　　直流电动机也可以作为发电机使用，但这种说法并不十分准确。实际上，**最初发明的是直流发电机，后来才发展出可作为电动机使用的直流电动机。**

　　19世纪末，电力开始广泛用于照明领域。起初使用的发电机是**直流发电机**，商用电力系统也以直流电为主。那时，主要的照明设备是**弧光灯**。弧光灯通过在两个电极之间施加电压而产生放电发光，属于**高强度放电灯（HID灯）**。弧光灯特性要求**恒流驱动**，因此在实际应用中，街道上的弧光灯通常串联连接。为了满足这一需求，直流发电机经过改进，能够输出恒定的电流。

　　随后，**白炽灯**问世。白炽灯需要稳定的电压供应，因此其在街道上的连接方式为并联，发电机必须提供恒定的电压。为此，并励式直流发电机得到了广泛应用。并励式发电机采用独立电源励磁，具有良好的电压调节性能，即使负载电流变化，输出电压仍能保持近乎恒定。该型发电机由托马斯·爱迪生设计，因此被称为**爱迪生发电机**。

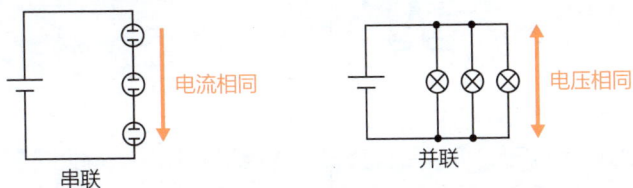

电流相同

串联

电压相同

并联

▲ 串联和并联

　　无刷电机的一个显著优势是"无电刷磨损"，除此之外还具备许多其他优点。首先，从结构设计来看，有刷电机必须在轴上安装换向器和电刷，即使设计成扁平型，轴向长度仍受换向器尺寸限制。而无刷电机无需换向器，只需保证磁场和电枢的厚度，电动机即可正常运行。

　　此外，无刷电机采用永磁体转子，使得实现薄型**轴向气隙结构**（参见第 12 讲）成为可能。通过使用圆盘形永磁体转子，电动机能够设计得更加纤薄。

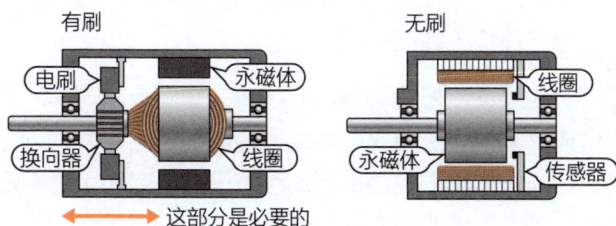

▲ 有刷电机和无刷电机的轴向长度差异

　　虽然无刷电机需要驱动器，这是一个缺点，但如果将驱动器集成到电动机内部（参见第 23 讲），则无须额外布线，提升了整体系统的紧凑性和可靠性。因此，许多无刷电机都采用了驱动器与电动机一体化的设计。

　　此外，也有人提出将线圈直接布置在换流装置所在的印刷电路板上，以进一步减小电动机厚度。采用轴向气隙结构的无刷电机中，圆盘状转子位于印刷电路板上的线圈上方，这种结构的电动机有时被称为**印刷电机**，广泛应用于磁盘驱动器等设备。

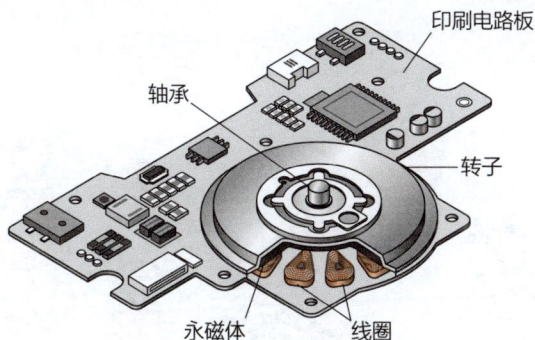

▲ 装在印刷电路板上的无刷电机

在性能方面，无刷电机的转速能够在转矩变化时保持稳定。由于电动机转速可通过磁极传感器信号实时检测，控制系统可以基于该信息实现精准调速。

另外，当电动机发生异常时，换流装置能够检测异常并发出警报。这通常需要换流装置内集成**微控制器**（俗称单片机）等。无刷电机作为一体化的电动机驱动系统运行，因而可以实现多种高级功能，提高系统的安全性和可靠性。

转子永磁体对性能有显著影响

无刷电机的特性 /// ☑铁氧体 ☑钕磁体 ☑黏结磁体

稀土

转子永磁体对电动机性能具有显著影响。在定子采用永磁体的电动机中，通过增大永磁体尺寸提高性能较为容易。然而，无刷电机本身采用**永磁体转子**，若增大永磁体尺寸，则转子体积也会相应增大。因此，无刷电机的性能和尺寸受永磁体尺寸和性质的影响较大。

电动机中常用的永磁体主要有**铁氧体**和**钕磁体**两种。铁氧体以氧化铁（Fe_2O_3，俗称铁锈）固体粉末为主要原料，在低于熔点的温度下**烧结**成型。烧结是一种粉末冶金工艺，通过加热使粉末颗粒结合成为坚固的整体。

　　钕磁体主要由钕及其他稀土元素组成，同样采用烧结工艺制成。这类永磁体因含有**稀土元素**，又被称为**稀土磁铁**。烧结后的钕磁体虽然硬度较高，但脆性较大，难以进行钻孔或切割，因此通常先在模具中成型后烧结，最终进行少量机械加工。钕磁体通常以平板或圆弧状生产，形状较为简单。

　　若需复杂形状的永磁体，则可采用**黏结磁体**。黏结磁体是由烧结磁体的粉末与树脂或橡胶等材料黏结成型，也称为**塑料磁铁**。部分黏结磁体是注塑成型的。由于黏结材料的存在，这类永磁体的磁性能相较烧结磁体有所下降，但能够实现自由的复杂形状设计，满足特殊结构需求。

　　永磁体的性能常用**剩余磁通密度**（B_r）和矫顽力（H_c）来表征。剩余磁通密度反映永磁体内部的磁化强度，而矫顽力反映永磁体抵抗外部反向磁场的能力。此外，**最大磁能积**（BH_{max}）也是一个重要指标，它表示永磁体所能储存的最大磁能密度。BH_{max} 是永磁体性能综合评价的关键参数。

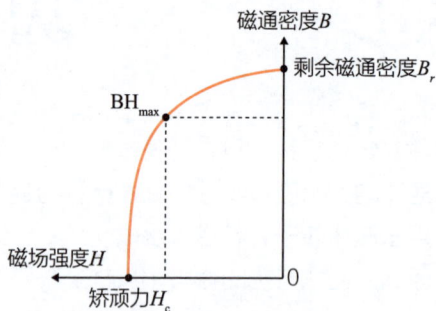

▲ 永磁体的性能曲线

　　电动机中常用的三种永磁体的性能对比如下。钕磁体的剩余磁通密度和矫顽力均显著高于铁氧体。钕磁体作为 20 世纪末出现的新型稀土永磁体，对电动机性能具有革命性影响。

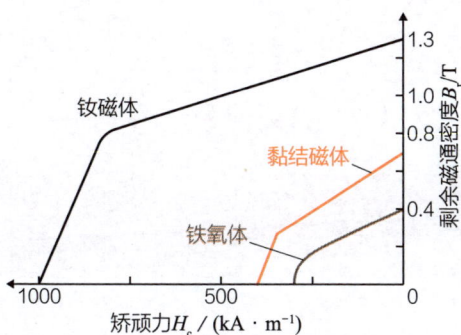

永磁体的种类	剩余磁通密度	矫顽力	BH...
钕磁体	1.3T	1000kA/m	300kJ/m³
黏结（钕）磁体	0.7T	400kA/m	100kJ/m³
铁氧体	0.4T	300kA/m	30kJ/m³

▲ 各种永磁体

　　钕磁体不仅极大地推动了无刷电机的转子性能提升，还在第 4 章及以后所介绍的交流电动机中发挥了重要作用。关于钕磁体对电动机性能的具体影响，我们将在第 35 讲作进一步说明。

第 28 讲 铁芯不仅仅是绕线芯

无刷电机的特性 /// ☑磁阻　☑磁导率　☑磁通密度　☑空心线圈

　　第 14 讲提到过，电动机线圈通常绕制在铁芯上，以增强磁场。因此，铁芯起到了线圈绕线芯的作用。然而，铁芯的功能远不止于此。

　　不同物质对磁通的传导能力各不相同，这种能力用**磁导率**表示：磁导率越高，磁通越容易通过。铁的磁导率约为空气的 1000 倍，因此铁是一种极易导磁的材料。

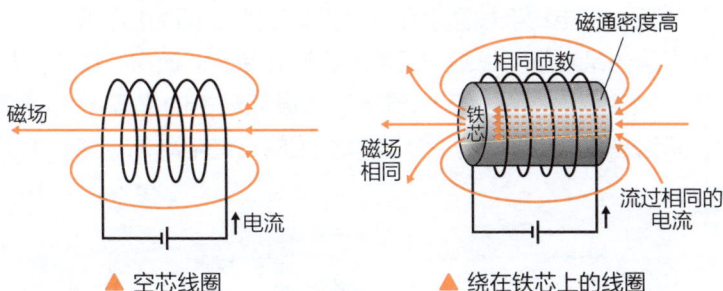

▲ 空芯线圈　　　　　▲ 绕在铁芯上的线圈

　　线圈通电后，其周围会产生磁场。**磁场强度与通过线圈的电流及线圈的匝数成正比**。然而，即使磁场强度相同，由于材料的磁导率不同，磁通量也会有所差异。磁导率较高的材料，磁通量较大。常用来描述磁通量的参数是**磁通密度**，它可以表示为

磁通密度　　　磁通密度
（单位面积的磁通量）

$$B = \mu H$$

磁导率 — μ　　H — 磁场强度

　　可见，绕在铁芯上的线圈，所形成的磁通密度会远高于**空心线圈**，磁通量也显著增大。同时，铁芯外部空气中的磁通量也会增大，磁通密度上升，使磁通得以扩展到更远的空间。也就是说，铁芯的存在能显著增强线圈产生的磁力。

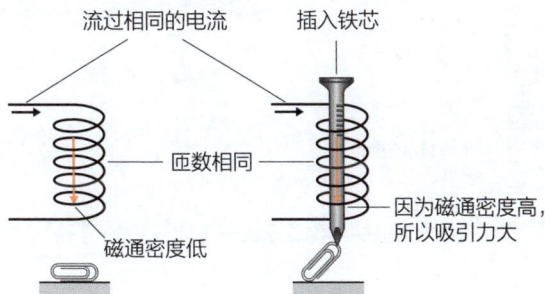

流过相同的电流　　　插入铁芯

匝数相同

磁通密度低　　　　因为磁通密度高，所以吸引力大

▲ 有无铁芯的比较

　　之所以将电动机线圈绕在铁芯上，目的是提高磁通密度。无论是定子还是转子，线圈一般都配合铁芯使用。通常，铁芯上开有槽，以便嵌入线圈。下图展示了普通电动机的铁芯与线圈结构。无论是直流电动机还是第 4 章介绍的交流电动机，均使用了铁芯。

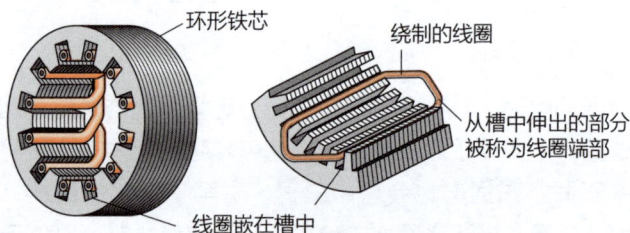

環形铁芯
绕制的线圈
从槽中伸出的部分被称为线圈端部
线圈嵌在槽中

▲ 普通电动机的铁芯和线圈

　　尽管大部分电动机都使用铁芯，但超小型电动机有时会省略铁芯，仅用树脂将线圈固形。这类电动机被称为**无铁芯电动机**，其中"芯"即指铁芯。

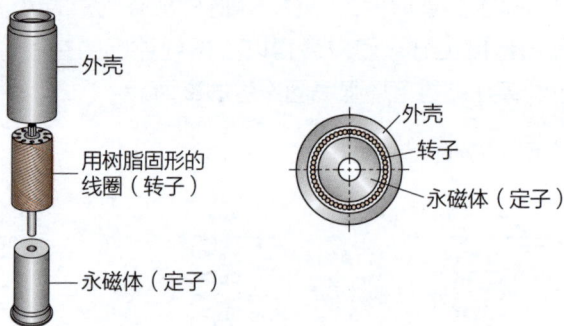

外壳
用树脂固形的线圈（转子）
永磁体（定子）

外壳
转子
永磁体（定子）

▲ 无铁芯电机的结构（永磁直流电动机的例子）

将晶体管作为开关使用

　　无刷电机采用半导体器件作为电流切换开关，其中最常用的是**晶体管**。晶体管是一种可用于开关控制或信号放大的半导体器件。

　　下面简要介绍晶体管作为开关时的工作原理。晶体管具有三个引脚：**基极 B**（base），**集电极 C**（collector），**发射极 E**（emitter）。通常，集电极接电源正极，发射极接电源负极，基极则作为**控制端**，用于输入开关信号。

　　以 NPN 晶体管为例，当基极输入高电平时，晶体管导通，允许集电极电流流向发射极。当基极没有输入信号或输入低电平时，晶体管截止，集电极与发射极之间无电流。

　　实际上，要使晶体管导通，需要向基极输入一个较小的电流。晶体管的主要参数包括：导通时允许通过的最大电流（**集电极电流**）以及截止时所能承受的**集电极 - 发射极电压**。这也正是"无刷电机存在电流上限"（参见第 24 讲）的原因之一。

　　值得一提的是，无刷电机由于广泛采用晶体管进行控制，过去曾有"**晶体管电机**"这一称呼。另外，也有公司因采用霍尔元件进行转子位置检测，而称无刷电机为"**霍尔电机**"。

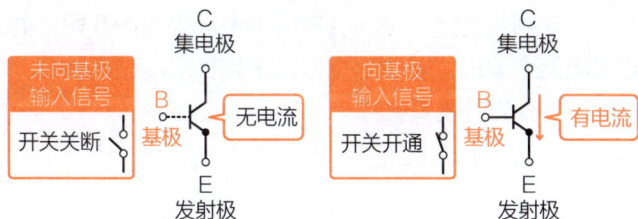

未向基极输入信号　开关关断　　C 集电极　B 基极　无电流　E 发射极

向基极输入信号　开关开通　　C 集电极　B 基极　有电流　E 发射极

▲ 晶体管的开关原理（NPN 晶体管）

无人机与无刷电机

　　无人机，顾名思义，是指无人驾驶的飞行器。更准确地说，无人机是指能够自主或远程操控的无人飞行器。

　　在过去的 10 年中，无人机在空中飞行的场景已变得十分常见。尽管多数人未必留意无人机外形的多样性，但在小型无人机领域，**多旋翼飞行器**（又称多轴飞行器）正在快速普及。这类飞行器具有多个螺旋桨，能够提升飞行的稳定性和机动性。

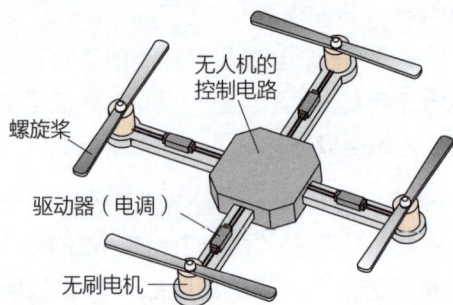

无人机的控制电路
螺旋桨
驱动器（电调）
无刷电机

　　多旋翼飞行器通常采用无刷电机。这些电动机的输出功率一般可达几千瓦，转速通常超过 4000min^{-1}，属于典型的高速电动机。

　　一些低价的玩具型无人机，偶尔还会使用传统的有刷电机。然而，由于电刷易磨损，电动机寿命较短，因此更高要求的无人机普遍采用无刷电机。无刷电机得益于其长寿命和高性能，已成为无人机动力系统的主流选择。

第 **4** 章 当前的主流——
交流电动机

在这一章，我们将重点介绍当前的主流——交流电动机。在电动机相关内容中，经常会出现"三相交流"等术语。这些内容可能略显复杂，本章将尽量以简明易懂的方式进行讲解，帮助读者逐步理解相关知识。

第 29 讲 什么是三相交流？

交流电动机的工作原理 ///　　☑直流　☑交流　☑三相交流

电流分为**直流电**（DC）和**交流电**（AC）两种。直流电始终沿一个方向流动，而交流电的方向和大小则以一定频率周期性变化。每秒钟变化的次数被称为**频率**，单位是赫兹（Hz）。例如，50Hz 的交流电意味着电流方向每秒钟变化 50 次。

在日常生活中，干电池提供的是直流电，插座则输出交流电。我们所使用的电器，有的通过电池（直流电）供电，有的通过插座（交流电）供电，这正体现了直流电与交流电的根本区别。

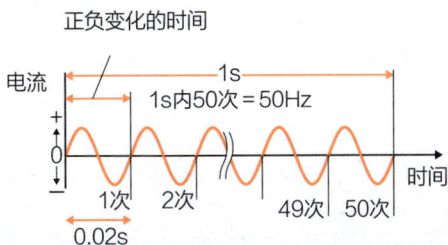

正负变化的时间

电流

1s

1s内50次 = 50Hz

+
0
−

1次　2次　　　49次　50次

时间

0.02s

▲ 单相交流（50Hz）

电动机同样需要区分直流和交流。以直流电驱动的是直流电动机，而以交流电驱动的则是交流电动机，本章将重点介绍后者。

在交流电动机中，最常见的是**三相交流电动机**。普通家用插座通常具备两个插孔，输送的是两线制单相交流电。而三相交流电以三线制或四线制传输。三相交流电在家庭中较少见，但在工业场所却被广泛应用。

如果将单相交流电直接接入电动机绕组，随着电流极性的周期性变化，线圈中的电流方向也会随之变化。根据电动机的基本原理，作用力的方向亦会相反，导致电动机无法稳定连续旋转。但三相交流电能够很好地克服这一问题，可以实现电动机稳定连续旋转。

三相交流电由三组相位差互为 120° 的单相交流电组合而成，但供电时只需三条相线，并非每组各两条（共六条）。三相交流电的独特之处在于，任意时刻**三条相线中总有一条的电流方向与其余两条相反**，这一特性保证了电动机能够持续运转。

下图中的 I_u、I_v、I_w 分别代表三相交流电中三条相线的电流。在时刻①，电流从 W 流向 V，U 中没有电流。到了时刻②，电流从 U 和 W 流向 V。在时刻③，电流只从 U 流向 V。如此一来，三相交流电的流入和流出路径会周期性切换，确保始终有一条相线中存在电流。

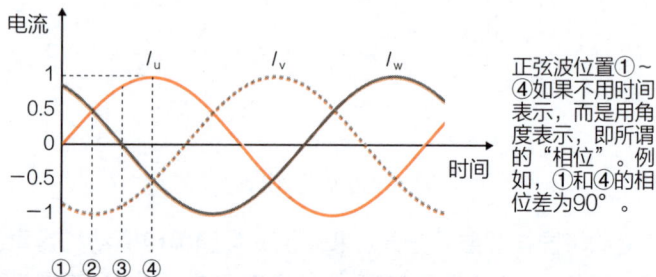

正弦波位置①~④如果不用时间表示，而是用角度表示，即所谓的"相位"。例如，①和④的相位差为90°。

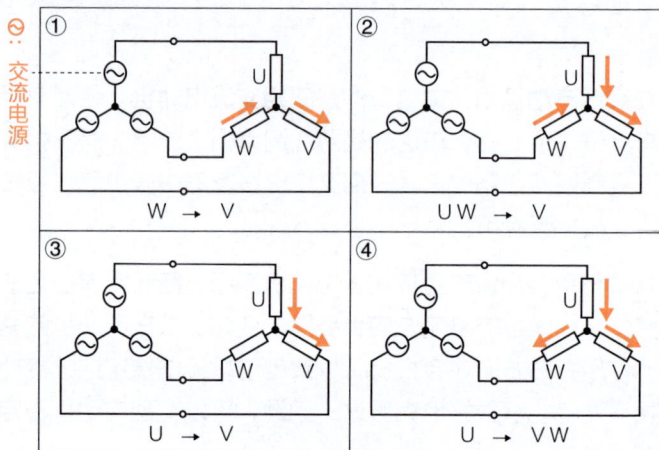

▲ 三相交流电

单相交流电由于电流周期性反转，会出现电流为零的瞬间。而三相交流电的一个显著特点是，**无论何时，总有一条相线中有电流**，这一特性有助于电动机平稳、连续地旋转。

吸尘器中的高转速电动机

在家用电器中，转速最高的电动机常见于吸尘器中。吸尘器的性能在很大程度上取决于其电动机的性能。

纸袋式吸尘器通常采用能够在 220V 单相交流电下高速旋转的**通用电动机**（详见第 46 讲）。这种电动机驱动涡轮风扇以接近 20 000min^{-1} 的速度旋转。由于交流电动机的最高转速受电源频率限制，通常需要配备变速器。而通用电动机无需变速器即可达到高转速，因此被广泛应用于此类吸尘器。

旋风式吸尘器多采用**永磁同步电动机**（详见第 36 讲）或**开关磁阻电动机**（详见第 45 讲）。旋风式吸尘器利用离心力分离垃圾，而离心力与转速成正比。因此，这类吸尘器所用电动机的转速通常高于纸袋式吸尘器。永磁同步电动机和开关磁阻电动机通过**变频器**（详见第 40 讲）可实现超高速运转，同时具有体积小、效率高的特点。此外，驱动这些电动机的变频器使用直流电，因而也适用于以电池供电的无线吸尘器。

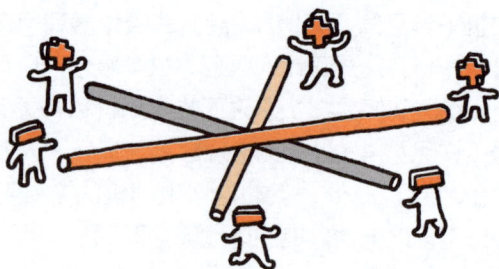

第(30)讲 **磁场的旋转**

交流电动机的工作原理 /// ☑三相交流电 ☑三相绕组 ☑旋转磁场

在交流电动机中，为了有效利用三相交流电，需要采用**三相绕组**。三相绕组是在圆周上以 120° 间隔均匀排列的三组线圈，如下图所示。

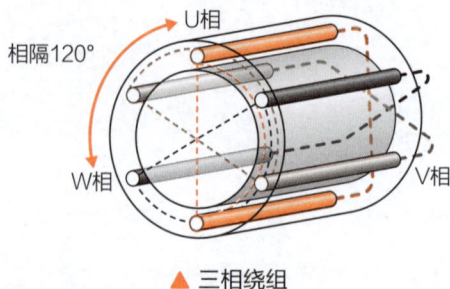

▲ 三相绕组

当**三相交流电**通过这些绕组时，三组绕组中总有一相的电流方向与其他两相相反。例如，在某一时刻（如第 82 页图中时刻④），U 相电流为正，而 V 相和 W 相电流为负，观察三相绕组中的电流分布可以发现，圆周的一半区域内电流方向一致。图中符号 ⊗ 表示电流流入纸面，符号 ⊙ 表示电流从纸面流出。

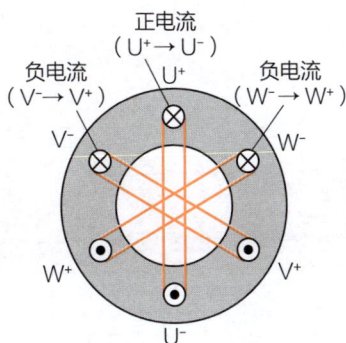

正电流
（U⁺→U⁻）
负电流
（V⁻→V⁺）
负电流
（W⁻→W⁺）

▲ 三相绕组的电流方向

由于是交流电，电流的大小随时间不断变化，正负极性也会随之切换，因此电流的分布呈现出旋转的特性。

回顾第 4 讲的内容，**电流周围会产生磁场**，电流的正侧和负侧周围分别形成 N 极和 S 极。随着电流分布的旋转，磁场也随之移动，形成所谓的**旋转磁场**。在绕组内部，磁力线流出的位置为 N 极，磁力线流入的位置为 S 极，这意味着 N 极和 S 极的位置会随时间旋转。

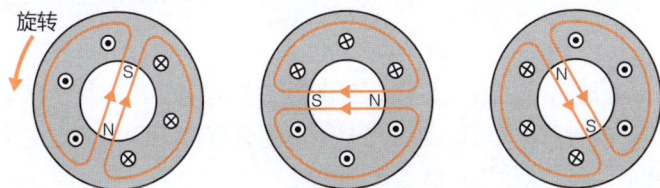

旋转

▲ 磁场的旋转

旋转磁场通过将三相交流电导入三相绕组而产生。由于磁场呈旋转状态，我们可以利用这一特性驱动电动机转动。旋转磁场是交流电动机运行的基础。

第 31 讲 交流电动机为何会旋转？

交流电动机的工作原理 /// ☑同步电动机 ☑感应电动机 ☑电磁感应

只要能够产生旋转磁场，就能驱动交流电动机旋转。那么，交流电动机是如何实现旋转的呢？下面分别介绍两种典型的交流电动机：**同步电动机**和**感应电动机**。

同步电动机是一种典型的交流电动机，其**转速与交流电的频率保持同步**。相比后文将介绍的感应电动机，同步电动机的转速控制更为精确。关于"**同步**"的具体含义，可参阅第 32 讲。

同步电动机的结构,可以简单理解为:**定子上布置有三相绕组**,而**转子是一块永磁体**。当三相交流电通过定子的三相绕组时,定子内部会产生旋转磁场。处于旋转磁场中的转子,其 N 极和 S 极会被磁场吸引,从而随旋转磁场一同转动。同步电动机正是基于磁铁受力旋转的原理工作的。转子通常为永磁体结构,但即使转子采用绕有线圈的电磁铁,其旋转原理也是一致的。同步电动机的转子转速与旋转磁场的转速完全同步。

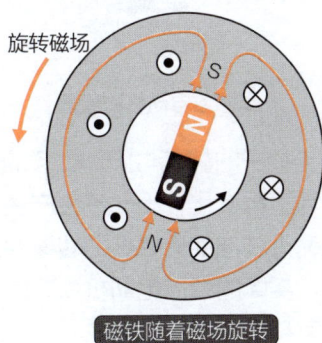

▲ 同步电动机的旋转原理

感应电动机是另一种典型的交流电动机,其工作原理涉及较为复杂的电磁感应现象,需要进一步说明。

感应电动机的基本原理是**电磁感应**,即磁场变化时会在线圈中产生电动势。当交流电通过线圈时,电流方向的周期性变化会导致 N 极和 S 极交替出现,周围的磁场随之改变。此时,处于该磁场中的线圈会因电磁感应而产生电动势,电动势作为推动电流的"力",使电流在线圈中流动。感应电动机正是利用这一现象实现旋转的。

感应电动机的**定子结构与同步电动机相似**,通过三相绕组中的三相交流电产生旋转磁场。其独特之处在于转子的设计。感应电动机的转子由**短路线圈**构成，呈环状结构。当定子磁场旋转时，静止的转子绕组会因电磁感应而产生电流。这一电流与旋转磁场相互作用，产生电磁力，从而驱动转子旋转。

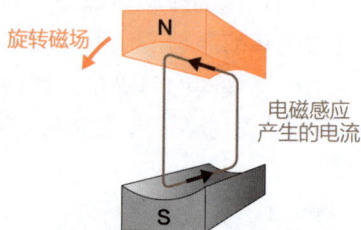

旋转磁场

N

电磁感应
产生的电流

S

▲ 感应电动机的原理

要注意的是，当转子的转速与旋转磁场的转速完全一致时，转子绕组相对于磁场不再变化，因此不会产生电磁感应。这意味着感应电动机的转速无法与旋转磁场的转速完全相同，通常略低于旋转磁场的转速。实际的感应电动机中，转子往往包含多个短路线圈，以提高效率和稳定性。

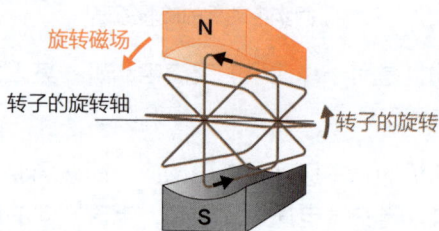

旋转磁场

N

转子的旋转轴

转子的旋转

S

▲ 感应电动机的转子

专栏 11　基础设施与交流电动机

　　电力、燃气、自来水等**基础设施**构成了社会运行的基石。在城市燃气和公共自来水系统中，广泛应用了各类电动机。

　　在公共自来水设备中，水泵扮演着重要角色，如从蓄水池或河流等取水口抽取水源。抽取的水需经过消毒、过滤等多道处理工序，每个环节都依赖水泵输送水流。这些水泵通常由几十台功率高达几百千瓦的感应电动机驱动。

　　城市燃气和液化石油气的供应同样离不开电动机的支持。通过油罐车等运输方式送抵的**液化天然气（LNG）**，需借助电动机驱动的泵送设备输送到储罐中储存。随后，液化天然气被气化为燃气，通过管道输送至千家万户。为实现燃气输送，必须使用压缩机提高气压，而如专栏 5 所述，这些压缩机也由电动机驱动。

　　若直接输送开采的天然气，通常采用长距离管道运输。为维持管道内压力，每隔一定距离需设置压缩机站点。过去，此类大型设备多采用**燃气轮机**驱动，但由于电动机更为节能，近年来感应电动机和同步电动机等交流电动机逐渐成为主流选择。

交流电动机的转速与交流电的频率

频率与转速 /// ☑频率 ☑极数 ☑同步转速 ☑转差率

交流电动机的转速与交流电的**频率**密切相关。频率是指电流正负极性每秒钟交替的次数。例如，频率为 50Hz 表示正负极性每秒钟交替 50 次，即完成 50 个**周期**。

另一个影响交流电动机转速的重要因素是电动机的极数。**极数**指的是定子上三相绕组产生磁极的数量。如下图 (a) 所示，若定子上只有一套绕组，电流产生的旋转磁场包含一对磁极（一个 N 极和一个 S 极），称为 **2 极**电动机。而如下图 (b) 所示，若定子上有两套绕组，磁场则包含两对磁极，称为 **4 极**电动机。因此，极数直接反映了定子绕组的数量。

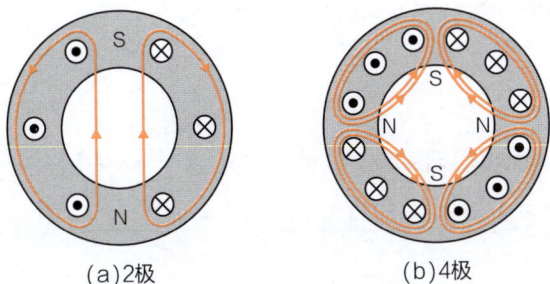

(a)2极　　　　　　　(b)4极

▲ 三相绕组的极数

对于同步电动机，其转速与交流电频率成正比，可用下式表示：

同步电动机的转速　$N_0 = \dfrac{120\ f}{P}$

频率 (Hz)

同步转速 (min^{-1})

极数

上式表明，转速 N_0 与频率 f 成正比，与极数 P 成反比。例如，当频率 $f = 60\text{Hz}$，极数 $P = 2$ 时，转速 $N_0 = 3600\text{min}^{-1}$；而当极数 $P = 8$ 时，转速为 900min^{-1}，是原来的 1/4。

由于转速与交流电频率成正比，同步电动机的转速 N_0 被称为**同步转速**或**同步速度**。

对于感应电动机，转子的转速略低于旋转磁场的转速即无法实现完全同步。这种转速差异通过转差率来量化。转差率是指同步转速与实际转子转速之差，与同步转速之比。

$$\text{转差率} = \frac{\text{同步转速} - \text{实际转速}}{\text{同步转速}}$$

感应电动机的转速可以用下式表示：

感应电动机的转速

$$N = \frac{120\,f}{P}(1 - s)$$

转速 (min⁻¹) ─ 频率 (Hz) ─ 极数 ─ 转差率

由上式可以看出，感应电动机的转速 N 不仅与频率 f 和极数 P 有关，还与转差率 s 有关。

通常情况下，转差率 s 小于 0.1（10%）。例如，对于频率 $f = 60\text{Hz}$，且极数 $P = 2$ 的感应电动机，若转差率 $s = 0.05$，则实际转速 $N = 3420\text{min}^{-1}$。因此，感应电动机的转速略低于同步电动机的同步转速。

停电时为什么自来水不能使用？

　　你是否经历过停电时自来水无法使用的情况？这是因为在许多大楼或公寓的自来水系统中，电动机扮演着重要角色。

　　仅依靠公共自来水系统的水压，水通常只能被输送到二楼的高度。因此，三楼及以上的建筑需要额外的增压设备。过去，大楼常在屋顶设置水箱，通过水泵将水抽至高处储存。在这种情况下，水泵通常采用感应电动机，仅在需要时启动，将水送至屋顶。由于水箱位于高处，各楼层的水压得以保持在较高水平。

　　然而，近年来屋顶水箱的应用逐渐减少。取而代之的是通过**变频器**（详见第 40 讲）控制的水泵系统。水泵直接与水管连接，通过调节水压实现供水，这种方式被称为**直接增压**。通过控制水泵电动机的转速，可以灵活调节水压，从而省去了屋顶水箱。

　　此外，为应对火灾，每层楼的消防栓也配备了专门的增压水泵，以提高喷水压力。不过，这种设备仅用于火灾应急，平时应避免使用。

　　综上所述，停电时自来水无法使用的原因在于水泵依赖电动机的驱动，一旦停电，增压系统无法运行，导致高楼层供水中断。

第 33 讲 交流电动机的分类

交流电动机的分类 /// ☑绕组励磁 ☑永磁体励磁 ☑鼠笼型 ☑绕线

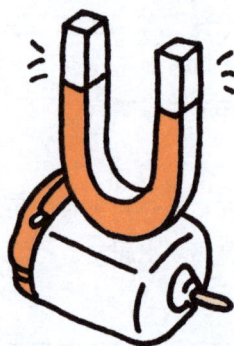

前文介绍了作为交流电动机典型的同步电动机和感应电动机，但交流电动机还可进一步细分为多种类别。本文将从不同角度对同步电动机和感应电动机进行分类。

同步电动机根据励磁方式（详见第 17 讲），主要分为两大类。励磁是指产生磁场，根据磁场来源，同步电动机可分为**绕组励磁型**（绕线式同步电动机）和**永磁体励磁型**（永磁同步电动机）。

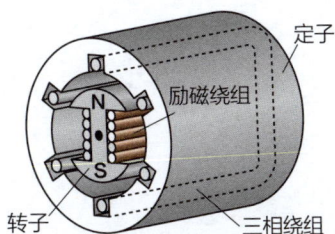

▲ 绕线式同步电动机（旋转励磁绕组）

绕线式同步电动机通过转子绕组产生磁场。当转子绕组通过直流电流时，形成 N 极和 S 极，其工作原理与第 31 讲所述的永磁同步电动机相似。区别在于，绕组励磁的磁场强度可通过调节**励磁电流**来改变，从而实现对电动机运行的控制。在电动机设计中，旋转励磁绕组结构较为常见，但也有部分电动机采用**旋转电枢**结构。无论哪种结构，由于转子绕组需在旋转时通电，通常需要使用电刷。

转子绕组连接到被称为**滑环**的旋转电极上，滑环与电刷始终保持接触。不同于直流电动机的换向器，滑环的电流方向不会改变，其电极为环绕整个圆周的设计。

永磁同步电动机利用永磁体直接产生磁场，无需额外励磁电流，结构更为简单，效率较高。

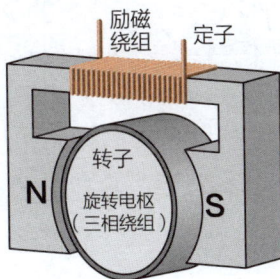

▲ 旋转电枢的同步电动机

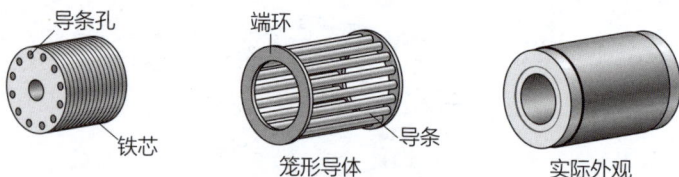

导条孔

铁芯

端环

导条

笼形导体

实际外观

▲ 鼠笼式转子

感应电动机根据转子的结构可以分为**鼠笼式**和**绕线式**两种。中小型感应电动机多采用**鼠笼式转子**。鼠笼式转子因其内部导体结构形似鼠笼而得名。导条通过两端的**端环**短路连接，形成闭合回路。然而，在实际的感应电动机中，鼠笼状导条通常不可见，因为它们隐藏在转子铁芯内部。

绕线式感应电动机的转子上绕有三相绕组，绕组一端通过电刷与外部电路连接。外部电路可使转子绕组短路，或接入电阻以调节电流，从而控制转速和转矩。过去，绕线式感应电动机常用于大型设备。但近年来，随着**变频器驱动**技术的发展（详见第40讲），鼠笼式感应电动机逐渐取代绕线式感应电动机，成为主流选择。

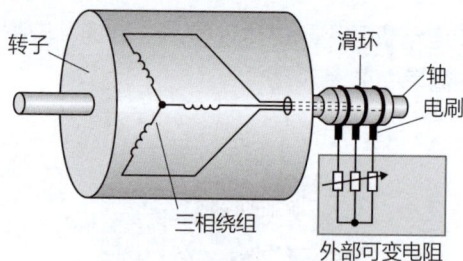

转子

滑环

轴

电刷

三相绕组

外部可变电阻

▲ 绕线式转子

电动机分类小结

　　到目前为止，我们探讨了多种电动机分类方式。为了帮助大家更好地理解和巩固知识，这里进行一次小结。

　　正如第 11 讲所述，电动机最基本的分类依据是电源类型，是直流电还是交流电。简单来说，这相当于区分电动机是由干电池供电还是通过插座供电。据此，电动机可分为直流电动机和交流电动机两大类。在此基础上，还可以根据"励磁方式""转子结构"等进行细分。

　　此外，在第 2 章开头，我们还介绍了基于电动机结构的分类方式，如"径向气隙电动机"等。通过结构分类，可以进一步理解电动机的设计特点及其应用场景。

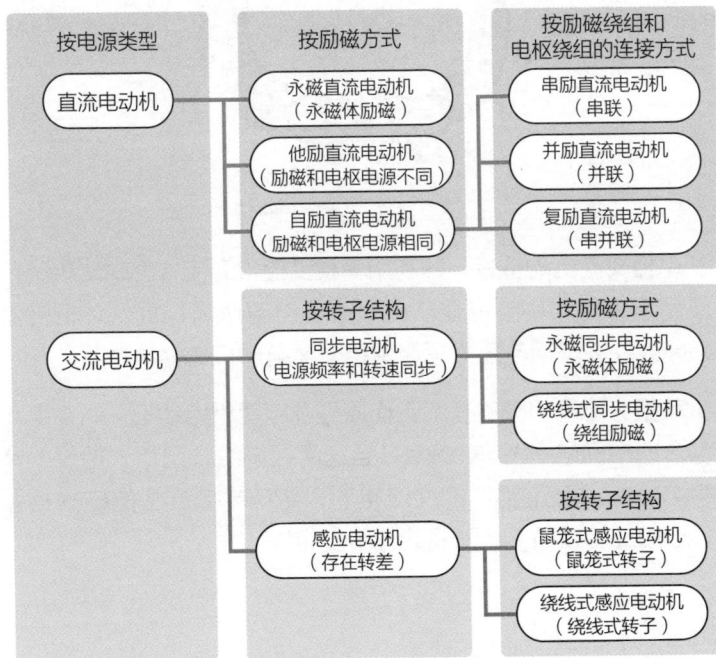

按电源类型	按励磁方式	按励磁绕组和电枢绕组的连接方式
直流电动机	永磁直流电动机（永磁体励磁）	串励直流电动机（串联）
	他励直流电动机（励磁和电枢电源不同）	并励直流电动机（并联）
	自励直流电动机（励磁和电枢电源相同）	复励直流电动机（串并联）

	按转子结构	按励磁方式
交流电动机	同步电动机（电源频率和转速同步）	永磁同步电动机（永磁体励磁）
		绕线式同步电动机（绕组励磁）

		按转子结构
	感应电动机（存在转差）	鼠笼式感应电动机（鼠笼式转子）
		绕线式感应电动机（绕线式转子）

单相交流电动机是如何运转的？

交流电动机的分类 /// ☑单相交流电动机 ☑电容电动机 ☑罩极绕组

　　单相交流电动机是一种利用单相交流电源工作的电动机，广泛应用于家用和小型电器。由于家庭电源通常只提供单相交流电，因此许多家用电器都采用单相交流电动机作为动力源。

　　单相交流电动机的基本工作原理源自**两相电动机**。两相电动机包含两相间隔 90° 的绕组，当这两相绕组分别通入**相位**（参见第 29 讲）相差 90° 的交流电时，绕组电流产生的磁场相叠加，形成旋转磁场，从而驱动转子旋转。

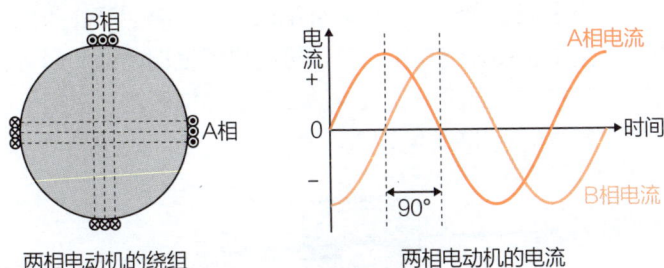

B相

A相

两相电动机的绕组

电流
+

0

—

时间

A相电流

B相电流

90°

两相电动机的电流

▲ 两相电动机的绕组配置和电流

　　为了在单相交流电源条件下得到两相绕组所需的 90° 相位差,一种方法是使用**电容器**移相。电容器能够储存和释放电能,并使通过它的交流电流相对于电压超前 90°。

　　将电容器串联在辅助绕组(副绕组)上,可以使该绕组的电流与主绕组的电流呈 90° 相位差,由此在定子内产生近似的旋转磁场。这类两相电动机通常被称为**电容电动机**。

　　电容电动机常采用鼠笼式转子。过去,这类电动机在多种家用电器中得到了广泛应用。

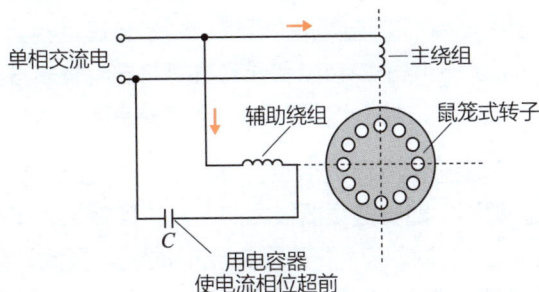

单相交流电　　　　　　　　　主绕组

辅助绕组　　鼠笼式转子

C

用电容器
使电流相位超前

▲ 电容电动机

　　除了电容电动机,**罩极电动机**也是单相交流电动机的重要类型之一。罩极电动机定子的部分极靴上配有被称为**罩极绕组**的短路线圈。当主绕组通电时，罩极绕组通过电磁感应产生电流和滞后磁场。由于这种延迟作用，定子极的磁场呈现出运动趋势，从而带动转子旋转。罩极电动机启动简单、结构紧凑，常用于小功率设备，如电风扇和时钟。

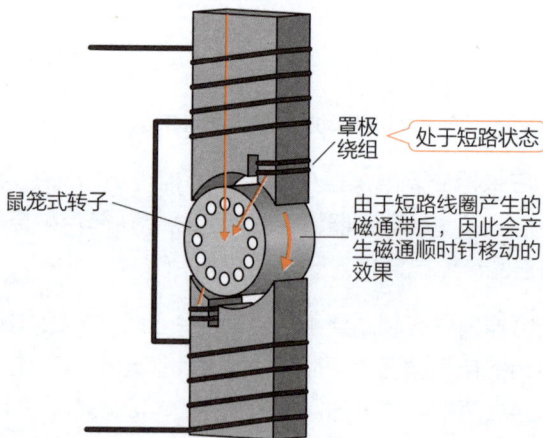

鼠笼式转子

罩极绕组 ← 处于短路状态

由于短路线圈产生的磁通滞后，因此会产生磁通顺时针移动的效果

▲ 罩极电动机

单相同步电动机也是单相交流电动机的常见类型之一。这类电动机只要接上单相交流电源，就能以同步转速运转。因其转速稳定，曾被应用于电子钟和磁带录音机等需要精确转速的设备。但随着电子技术的发展，这类电动机已较少使用。

当前，单相感应电动机依然在排气扇、小型风扇等小家电中发挥作用。然而，随着**变频器**技术的普及，即使接入单相交流电源，也能够驱动性能更优的三相交流电动机。因此，除了小家电，单相交流电动机的应用正在逐步减少。关于变频器的工作原理和应用，将在第 5 章详细介绍。

电流战争

　　19 世纪末，曾发生一场被称为"电流战争"的重要争论。争论的焦点在于美国新建发电站应采用交流电还是直流电。直流电派的代表是托马斯·爱迪生及其所属的通用电气公司（GE），而交流电则由尼古拉·特斯拉和西屋电气公司（Westinghouse）支持。

　　最终，交流电在这场争论中取得胜利。例如，修建在尼亚加拉大瀑布的水力发电站，由于需要进行长距离输电，最终选择了交流电作为供电方式。

　　交流电的主要优势在于，能够通过变压器方便地升降电压，从而在长距离输电过程中有效降低能量损耗，并在终端用户处将电压还原至安全范围。

　　自此以后，全球范围内的新建发电站普遍采用交流电系统，这一标准一直沿用至今。

　　交流电可以分为**单相交流电**和**三相交流电**。普通家庭主要使用单相交流电。然而，在商店、办公室等场所，经常可以看到两块电表，分别标有"照明"和"动力"。这种情况意味着，这些场所接入了三相交流电。

　　交流电的基本特性在于，电流极性会在正负之间周期性地变化。单相交流电采用两线制，电流在两条导线之间往返流动。在每次电流极性切换的瞬间，电流值会短暂变为零。家用的白炽灯和荧光灯均采用单相交流电供电，因此每秒有 100 次（50 Hz）或 120 次（60 Hz）电流降为零。实际上，即使电流瞬间为零，灯丝的余晖或气体放电的残余发光也会保证灯光不会完全熄灭，仅略微变弱，因此人眼无法察觉明显闪烁。由于单相交流电主要用于照明设备，通常被称为"照明用电"。

　　相比之下，三相交流电主要用于大功率动力设备，因此被称为"动力用电"。三相交流电能够传输更大的功率，因此发电厂及输电线路普遍采用三相系统。同时，三相交流电可在电动机内部产生稳定的旋转磁场，非常适用于各种工业电动机。

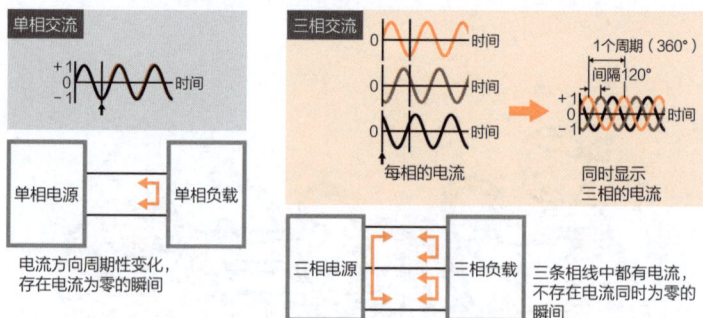

▲ 单相交流和三相交流

第 **5** 章 进化后的
交流电动机

---

　　20 世纪末，电动机技术取得了重大突破。进入 21
世纪后，交流电动机的应用范围显著扩大，并逐步成为
各类驱动系统的主流选择。在本章中，我们将系统介绍
新一代交流电动机的发展与创新，重点探讨变频器、矢
量控制等与现代交流电动机密切相关的核心技术。

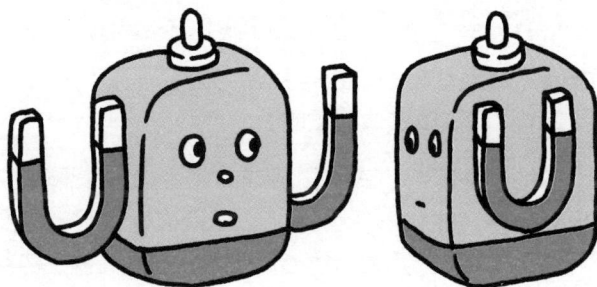

第 35 讲　磁铁、电力电子和计算机的进化

新型电动机的问世 ///   ☑钕磁体　☑电力电子　☑IGBT

在 20 世纪最后 10 年，与电动机相关的多项核心技术实现了飞速发展，对电动机的性能与应用方式带来了深远影响。首先，最具变革性的是**钕磁体**的发明。

钕磁体是一种由钕、铁和硼组成的化合物（NdFeB），属于稀土永磁材料。能够形成强磁性的元素极为有限，主要包括铁、钴、镍及部分稀土元素，钕磁体正是将这些元素优势结合的一种新型磁体。

钕磁体的**最大磁能积** BH_{max} 约为传统铁氧体的 10 倍，应用这种高性能磁体后，电动机体积大幅缩小，同时性能显著提升。

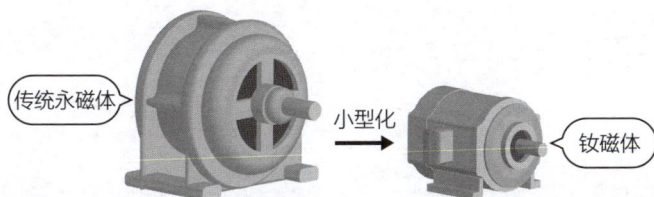

▲ 利用钕磁体实现电动机的小型化

　　第二项关键技术进步是电力电子技术的发展，尤其是用于电动机控制的相关技术。随着新型晶体管——**绝缘栅双极型晶体管**（insulated gate bipolar transistor，IGBT）的实用化，电力电子领域发生了重大变革。IGBT 的出现使交流电动机能够获得高精度的电流控制，从而进一步提升了电动机的效率与可控性。

　　第三项推动电动机进化的技术是计算机技术。几乎在 IGBT 实现产业化的同时，计算机的处理能力也迎来了显著飞跃。由此，复杂的电动机控制算法能够通过嵌入式微控制器（参见第 26 讲）实施，大幅推动了电动机控制技术的发展。

▲ 计算机性能提升

　　综上所述，钕磁体、电力电子与计算机三大领域的技术进步，共同推动了电动机的飞速进化，并彻底改变了其应用方式。正是受益于这些技术革新，电动汽车和混合动力汽车等在这一时期开始大规模量产与普及。

第 36 讲 永磁同步电动机应运而生

　　长期以来，电动机的选用习惯遵循着明确的分类标准：需要调速时通常选用直流电动机，需要恒定转速时则选择交流电动机。在交流电动机中，**感应电动机**是一种主流选择；而在需要精确转速控制的场景下，则会使用**同步电动机**。然而，随着电动机技术的不断进步，这一传统习惯已发生显著变化。

　　得益于高性能钕磁体的应用，**永磁同步电动机**应运而生。此类电动机不仅体积小巧，而且效率极高。结合电力电子技术的进步，交流电动机的电流控制变得极其精确，从而推动了交流电动机——尤其是永磁同步电动机——在诸多领域的广泛应用。

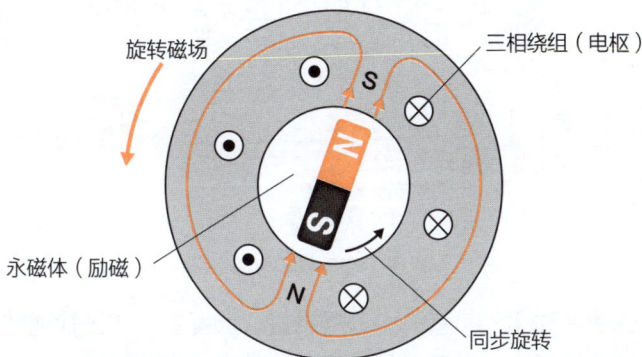

▲ 永磁同步电动机的原理

永磁同步电动机的工作原理在第 31 讲中已做详细介绍。其定子起到电枢作用，转子则作为励磁部分。与传统同步电动机必须连接商用电源、只能以工频（50Hz 或 60Hz）同步转速运行不同，永磁同步电动机利用**变频器**（参见第 40 讲）产生可控的**三相交流电流**，因此可依据实际需求灵活调速。

此外，永磁同步电动机利用钕磁体等强力永磁体作为转子的磁场源，无需**励磁电流**（详见第 33 讲），这一点极大提升了其整体运行效率。

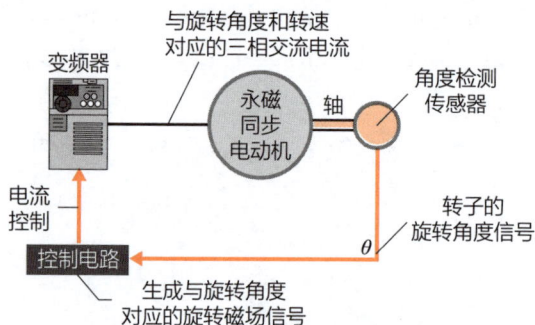

▲ 永磁同步电动机和变频器

　　永磁同步电动机还一个显著特征，即配备了**用于检测转子旋转角度的传感器**。控制系统需要实时检测转子的精准角度，并据此同步变频器生成的交流电流，实现高精度的转速与位置控制。这不仅依赖于转速反馈，更需要高分辨率的角度检测技术。

　　永磁同步电动机之所以能够成为 21 世纪电动机领域的代表，正是得益于高性能钕磁体、可控的电力电子装置以及高速嵌入式微控制器的协同发展。如今，永磁同步电动机已广泛应用于工业自动化、家用电器、电动汽车等众多领域，成为现代驱动技术的重要支柱。

电动汽车的种类与电动机

电动汽车通常简称为 EV（electric vehicle）。

提到 EV 时，人们往往首先想到使用电池能量驱动电动机的电动汽车。尽管这一印象基本正确，但实际上，根据驱动方式，电动汽车可细分为以下几类：

- 纯电动汽车（battery electric vehicle，BEV）；
- 混合动力汽车（hybrid electric vehicle，HEV）；
- 插电式混合动力汽车（plug-in hybrid electric vehicle，PHEV）；
- 燃料电池汽车（fuel cell electric vehicle，FCEV）。

这些车型的共同点是均采用电动机驱动，但在动力源和构成方式上存在明显差异。具体来说，有的车型完全依赖电动机驱动，有的则将电动机与内燃机结合，从而实现不同的动力配置。

其中，纯电动汽车（BEV）是指完全由车载电池储存的能量供给电动机工作的车辆。车载电池输出直流电，而驱动用的主电动机则为交流电动机。传统上，电池所储存的直流电主要用于直流电动机驱动，但随着变频器技术的成熟和普及，体积更小、效率更高的交流电动机逐渐成为主流选择。目前，BEV 主要采用功率在 100kW 级的永磁同步电动机或感应电动机作为驱动单元。

第 37 讲　SPM 与 IPM 的区别在于永磁体的位置

永磁同步电动机的分类 ///　　☑ SPM　☑ IPM

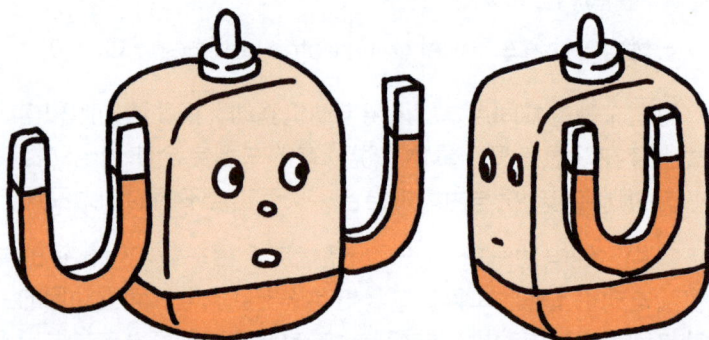

　　永磁同步电动机主要分为 **SPM** 和 **IPM** 两类。SPM（surface permanent magnet）指转子表面贴装永磁体的电动机，称为**表贴式永磁电动机**；IPM（interior permanent magnet）指永磁体嵌入转子铁芯内部的电动机，称为**嵌入式永磁电动机**。

　　两者的主要区别在于永磁体在转子中的布局及由此带来的特性。

　　SPM 的转子永磁体贴装在转子铁芯的表面，结构上与无刷直流电动机的转子相似。其转矩由定子电流与永磁体产生的磁场共同作用而成。不同于无刷直流电动机，SPM 作为交流电动机，通过三相交流电流在定子中产生旋转磁场，实现转子的旋转。

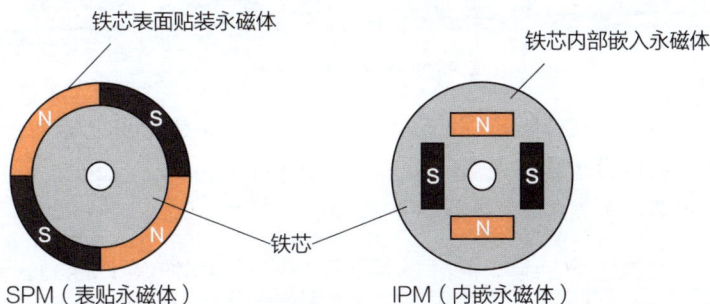

铁芯表面贴装永磁体

铁芯内部嵌入永磁体

铁芯

SPM（表贴永磁体）　　　　IPM（内嵌永磁体）

▲ 永磁同步电动机的转子

　　上图所示的永磁同步电动机转子均为 4 极结构（参见第 32 讲），电动机的额定转速与极数密切相关。

　　由于磁极位于转子表面，SPM 能够充分利用永磁体的磁力，即便使用磁性能较弱的永磁体，也能获得一定的输出转矩。然而，永磁体暴露在转子表面也带来一定风险：磁体通常采用胶粘等方式固定，若电动机高速旋转，强大的离心力可能导致永磁体脱落。因此，SPM 多用于小半径、小功率或低速运转的应用；对于高速应用，可通过缠绕玻璃纤维或加装防护罩来提升机械强度，防止永磁体飞出。

　　与之不同，IPM 的**永磁体被嵌入转子铁芯内部**。由于这种结构要求永磁体具备较高磁能积，直到钕磁体等高性能永磁体发明后，IPM 才得以广泛应用。早期永磁体嵌入铁芯后磁力容易衰减，因此 IPM 的设计很早就提出，但长期未能商业化。

IPM 永磁体的嵌入形状有多种设计，不同电动机可根据实际需求灵活选型。

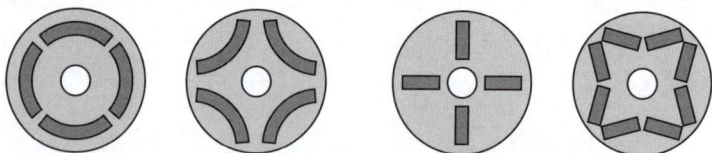

▲ IPM 永磁体的嵌入形状

由于永磁体被牢固地嵌入转子内部，即使是高速、大半径应用，也不会因离心力影响而出现永磁体脱落的情况。因此，IPM 尤其适用于高功率、高转速的应用场景。

值得注意的是，IPM 的优势不仅在于结构抗高速能力，更重要的是其**能够输出更大的转矩**，并且具备更高的能效。关于这一点，我们将在第 38 讲具体说明。

转矩

混合动力汽车（HEV）是指同时搭载发动机和动力电动机的汽车。根据动力系统的结构，HEV 可以细分为如下几种类型。

并联式混合动力汽车：发动机和电动机均可直接连接到驱动轴，车辆既可以仅由发动机驱动，也可以仅由电动机驱动，还可以两者协同工作。在急加速等高负荷工况下，**电动辅助**可以瞬时提升动力输出，并有效降低发动机的燃油消耗。

串联式混合动力汽车：发动机仅用来驱动发电机，不直接驱动车辆。所产生的电能可与电池存储的电能一起为电动机供电，驱动车辆前进。这种结构下，车辆完全依赖电动机作为驱动源，因此对驱动电动机的输出功率要求较高。

混联式（双模）混合动力汽车：结合了并联和串联两种驱动方式，通常配有两台电动机，即"**双电机式 HEV**"，可以根据工况灵活切换动力模式，以兼顾能效和动力性能。

由于 HEV 同时配备发动机和电动机，空间布局要求较高，因此对电动机的小型化有较强需求。**永磁同步电动机**因其结构紧凑、效率高，成为 HEV 系统中广泛采用的电动机类型。

与纯电动汽车（BEV）相比，HEV 因拥有发动机，仍会产生尾气，但其发动机运转时间相对较短，整体排放量低于传统燃油汽车，同时燃油经济性也得以提升。另一方面，HEV 支持快速补能（如加油），其能量储备和续航能力往往超过只依赖电池的 BEV，这也是 HEV 的显著优势之一。

第 38 讲

IPM 产生的磁阻转矩

永磁同步电动机的分类 ///　　　　　　　　☑磁阻转矩

　　有一种转矩是 SPM（表贴永磁体）无法产生，而只有 IPM（内嵌永磁体）能够产生的，那就是**磁阻转矩**。磁阻转矩源于磁力线遇到磁路变化时试图变直所产生的力。磁力线具有试图变直的特性，这一点在第 3 讲中已提及，下面做具体介绍。

　　设想一个转子的截面不是圆形，而是部分被切除而形成突起的结构，这种结构被称为"**凸极**"。当定子产生的磁场以一定角度穿过凸极转子时，由于铁芯对磁通的导通能力远强于空气，磁力线在转子内部会发生弯曲。磁力线试图变直，这会产生一个使转子旋转的力矩，即磁阻转矩。这种作用力有时也被称作**麦克斯韦应力**。

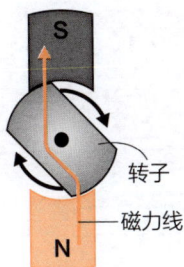

▲ 磁阻转矩

　　IPM 转子铁芯内部嵌有永磁体，但永磁体的磁导率相较于铁芯更低，磁通更难穿透。当定子绕组通电后，其产生的磁力线在穿透转子时因永磁体的存在而发生弯曲。弯曲的磁力线试图变直，于是除了由永磁体磁场产生的电磁转矩，还额外产生了磁阻转矩。

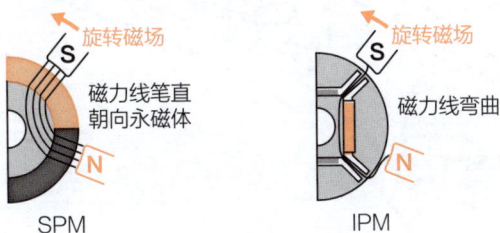

▲ IPM 的磁阻转矩

　　如第 37 讲所述，IPM 永磁体的嵌入方式多种多样。通过调整永磁体的形状和布局，可以优化磁路结构，灵活调节电磁转矩与磁阻转矩的比例，从而满足不同工况对转矩和效率的需求。由于磁阻转矩的存在，IPM 能够获得比单靠永磁体更高的输出功率，并显著提高整体效率。此外，IPM 在低速运行时同样能够输出较大的转矩，并保持较高的能效，这是其一大技术优势。

第 39 讲 用变频器控制感应电动机

　　现在，从同步电动机过渡到感应电动机的控制。感应电动机的转速并不完全等同于同步转速，而是存在一定的**转差率**（参见第 32 讲）。转差率是衡量感应电动机实际转速与同步转速之间差异的参数，是感应电动机的重要特性之一。

　　通常，转差率为百分之几，但会随电动机的输出转矩变化而改变。换言之，感应电动机能根据负载变化自动调节自身的转差率，从而适应不同的负载需求。这一自适应特性使得感应电动机在负载波动时，无需复杂控制系统即可维持较为稳定的运行。同时，感应电动机不需要像永磁同步电动机那样配置旋转角度传感器。尽管其转速会随负载转矩的变化略有波动，但整体仍可维持在接近恒定的水平。

　　感应电动机接市电即可以接近恒定转速运行，因此长期以来广泛应用于各类动力机械。例如，对于泵和风机等要求转速恒定的设备，感应电动机尤为适合。诸如洗衣机、空调等家用设备，也曾普遍采用感应电动机作为动力单元。

　　在需要调速的场合，过去通常会采用**绕线式感应电动机**（参见第 33 讲）。绕线式感应电动机通过外接可变电阻来调速，但这需要体积较大的附加设备，并且依赖电刷。电刷容易磨损，需要定期维护。此外，采用可变电阻调速会导致电能损耗增大，从而降低整体效率。因此，绕线式感应电动机多用于大型工业设备；而小型设备多采用**鼠笼式感应电动机**（参见第 33 讲），通常仅实现简单的启停控制，不具备调速功能。

　　然而，电力电子技术的进步带来了根本性转变。由于感应电动机属于交流电动机，可以通过改变输入电源频率来实现调速。尽管感应电动机的转速与输入电源频率并不完全同步，但若考虑转差率的影响，可以实现与输入电源频率对应的调速。

　　由此，只要具备能够调节输出频率的电源设备，就可以实现对感应电动机转速的有效控制。**变频器**正是这样一种能够自由改变输出频率的装置。虽然感应电动机的调速性能和精度尚不及后面将介绍的**矢量控制**（参见第 41 讲），但通过变频器对感应电动机进行调速，已成为自动化和节能领域的一项重大技术进步。

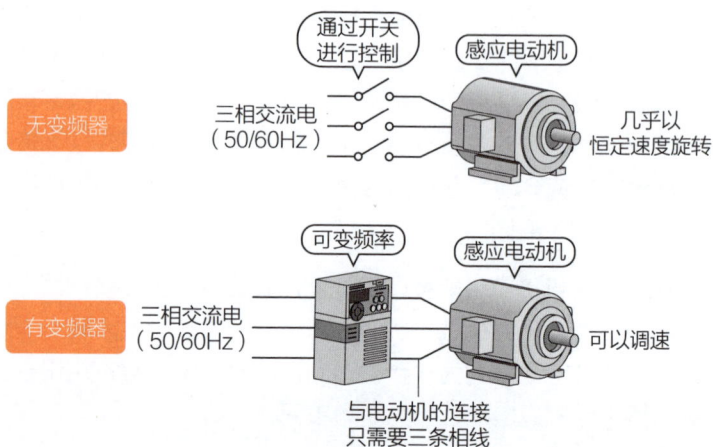

▲ 感应电动机的变频器控制

　　变频器与传统鼠笼式感应电动机结合，便能实现灵活、高效的调速。随着电力电子及集成电路技术的发展，变频器日益小型化、低成本化。这类**通用变频器**已被广泛应用于各类工业电动机系统中（参见第 60 讲），极大地拓展了感应电动机的应用范围与控制能力。

燃油车中的电动机

即使是传统燃油汽车，所用的电动机数量也超过 50。燃油车通常配备 12V 蓄电池，大多数电动机均采用 12V 直流电驱动，常见类型为永磁直流电动机。此外，部分系统还会应用无刷电机或**永磁同步电动机**。下面列举几个典型应用。

雨刷系统

雨刷用于清洁挡风玻璃，其工作方式需要实现往复运动。电动机的旋转运动，经过曲柄机构转换为雨刷的往复动作。该系统主要采用永磁直流电动机。通常情况下，电动机旋转约 10 圈，便可完成一次雨刷的往返行程。

电动助力转向系统（EPS）

助力转向系统的功能是减小驾驶员转动方向盘时所需的力矩。早期车型普遍采用液压助力方式，而近年来，电动助力转向系统（EPS）已逐步成为主流。EPS 不依赖发动机带动液压泵，有效提升了燃油效率。同时，EPS 作为自动驾驶的关键执行系统，能够精确响应控制指令。

EPS 通常采用永磁同步电动机，以实现对车辆速度、转向扭矩及转向手感等的精确控制。电动机的输出功率视车辆类型而异，通常为 500 ~ 1000W。

第 40 讲 变频器如何控制电动机？

交流电动机控制 /// ☑逆变器 ☑变频器 ☑ PWM 控制 ☑ V/f控制

　　将直流电转换为交流电的电力电子电路通常被称为**逆变器**，而集成了这种电路并能够调节输出频率和电压的装置被称为**变频器**。

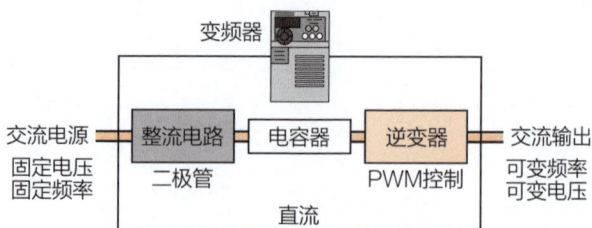

变频器

交流电源　整流电路　电容器　逆变器　交流输出
固定电压　　　　　　　　　　　　　可变频率
固定频率　　二极管　　　　PWM控制　可变电压
　　　　　　　　　　　直流

▲ 变频器的工作原理

变频器的核心功能在于输出任意频率和电压的交流电，因此可以视为一种**可变频率、可变电压的交流电源装置**。

变频器的主要工作原理如下。

首先，变频器内部通过**整流电路**将输入的商用交流电（如 220V 或 380V 工频交流电）转换为直流电。整流电路普遍利用**二极管**的单向导通特性，将交流电变为脉动直流电。整流后产生的脉动直流电会储存在电容器中，用于后续的能量转换。

随后，直流电通过逆变器再次被转换为交流电。逆变器由多只 IGBT（参见第 35 讲）组成，通过高速开关操作，实现交流波形的输出。此处常用的控制方法为 PWM（脉宽调制）控制。PWM 通过调节每个脉冲的宽度，使输出电压的平均值随时间变化，进而获得近似理想的正弦波交流电。只要 IGBT 的开关频率足够高（可达 10kHz 以上），输出波形与真实正弦波几乎无异。

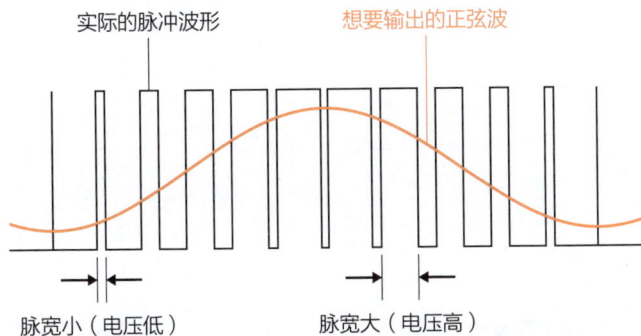

▲ PWM 控制的原理

由于变频器实现了交流输入和输出的隔离，输出的交流电频率可以与输入频率完全无关。此外，变频器还能将输入的单相交流电转换为三相交流电，使得家庭环境下也可驱动三相电动机。

在电动机控制方面，变频器广泛采用 *V/f* **恒定控制**策略。这

里的 V 指电动机端电压，f 是输出电源的频率。通过使电压与频率的比值（V/f）保持恒定，可以确保电动机内部磁通量不变，从而实现较为稳定的电动机性能。例如，额定为 200V、50Hz 的电动机在 100V、25Hz 工作时，转速约为原来的一半，但输出转矩和其他关键性能参数基本保持恒定。这种控制方式使传统鼠笼式感应电动机等以前只能恒速运行的电动机也能够无级调速，大大拓宽了其应用范围。

逆变器将直流电精确转换为交流电的原理，我们将在第 61 讲进一步阐述。

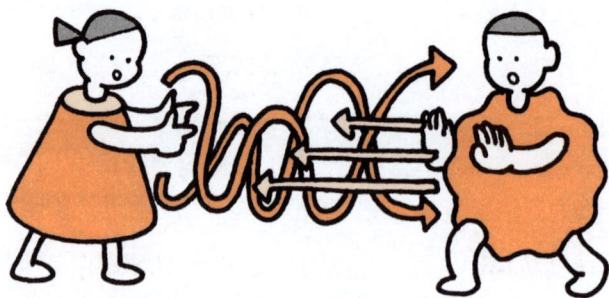

专栏 19　电力机车的电动机与再生制动

　　电力机车，顾名思义，是以电力为动力源的列车。其运行时通过受电弓等装置，从架设于车顶上方的接触网（架空线）获取电能，并利用电动机驱动车轮前进。

　　日本铁路（Japan Railways，JR）的常规线路以及众多私营线路，广泛采用直流 1500V 的架空线供电制式。然而，尽管外部供电为直流电，但大部分日本电力机车实际上使用的是交流电动机——主要为感应电动机（异步电动机）。

　　电力机车的电动机通常安装在车辆底部的转向架上。每节车厢配有两个转向架，每个转向架带有两根车轴，电动机分别安装在每根车轴上。因此，一节车厢一般配备 4 台电动机。在多节编组列车中，部分车厢可能不配置驱动电动机，仅为拖挂车厢。

　　日本常见的标准电力机车多采用单台额定输出功率约为 150kW 的感应电动机，并通过**矢量控制**技术（参见下一页）实现精确的转矩控制。在实际应用中，每节车厢的 4 台电动机通常由一台变频器集中控制，实现统一调速和能量管理。

　　值得注意的是，电力机车的电动机不仅在车辆行驶（即**牵引**）时提供动力，在减速或制动阶段还能实现**再生制动**（参见第 64 讲）。再生制动技术是指在减速时将电动机切换为发电机模式，将动能转换为电能，并反馈至供电网络，供其他电力机车或列车利用。这一节能机制不仅被广泛应用于电力机车，也已成为所有电驱动车辆的重要节能手段。

　　相较于车辆的牵引运行阶段，再生制动有效地回收了部分动能，提高了整体能效，是现代轨道交通绿色、智能的关键技术之一。

第 41 讲 通过矢量控制实现精准控制

交流电动机的控制 ///   ☑矢量控制   ☑电动机驱动系统

　　利用变频器配合矢量控制，可以实现对交流电动机的精准控制。矢量控制的原理虽较为复杂，但可以用直观的方式进行基本说明，而无须深入的数学推导。

　　在矢量控制方法中，交流电动机内部产生的旋转磁场和三相交流电流被视为矢量进行处理。理论上，当电动机的磁场矢量与电流矢量保持正交时，能够实现最大的输出转矩。因此，矢量控制的基本目标，就是持续**使电流矢量与旋转磁场矢量保持正交**。

　　矢量的长度代表电流或磁场的大小，矢量的方向则对应交流电的相位（参见第 29 讲）。由于电动机的转矩与电流成正比，电流矢量的长度实际上反映了转矩的大小。若要改变电动机的输出转矩，可调节电流的大小，此时电流矢量的长度也随之变化。

　　为了在调节输出转矩的同时，保持电流矢量的方向（即相位）不变，矢量控制会将电流矢量分解为 x 轴和 y 轴两个正交分量，并分别控制，确保电流矢量始终与磁场矢量正交。

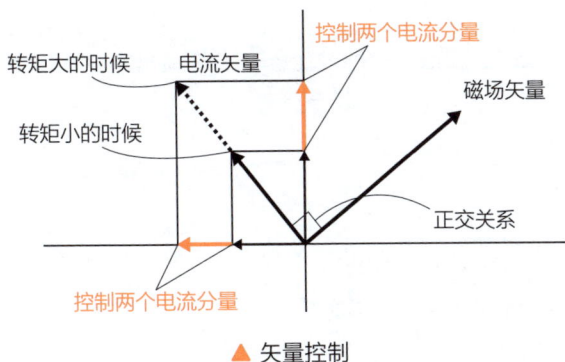

▲ 矢量控制

　　简而言之，这一过程实际是对交流电正弦波的**幅度（大小）与相位（方向）进行独立控制**，将幅度视为矢量长度，相位视为矢量方向。

　　实现矢量控制需要配备能检测转子旋转角度的传感器，以及能精确检测交流电流波形的传感器。根据这些传感器反馈的信息，系统能够对输入电流进行准确调节。矢量控制既适用于感应电动机，也可用于同步电动机。尤其是永磁同步电动机，由于其本身就要求安装转子位置传感器（参见第 36 讲），因此大多数永磁同步电动机系统都会采用矢量控制。

　　相比之下，单纯通过变频器实现 V/f 恒定控制虽然能够进行基本的调速，但在负载变化时，由于转差率的波动，转速与转矩控制的精度有限（参见第 39 讲）。

依靠矢量控制能够实现多种高性能控制效果，如"**精确保持目标转速**""**平滑调速**""**保证旋转平稳、无抖动**"等。这一控制方式需要依据具体电动机的特性参数进行系统设计，并非单一变频器与电动机的简单组合，而是根据电动机特性量身定制的整体解决方案——也就是常说的**电动机驱动系统**。

V/f 控制

单向

频率、电压

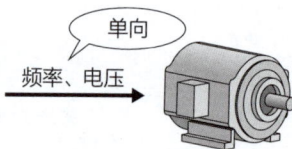

· 变频器单向提供频率和电压
· 电动机转速会根据负载情况发生变化

矢量控制

相互作用

频率

运行状态

最佳频率/电压

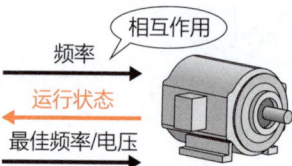

· 变频器根据电动机的运行状态调整至最佳频率和电压
· 能够以精确的转速和转矩运行

▲ 通过矢量控制实现的电动机精确控制

此前已多次提及"**电力电子**",在此对其做简要介绍。电力电子(power electronics)是"**电力控制电子技术**"的简称,顾名思义,它是通过电子技术对电力(power)进行控制的技术。与传统电子技术相比,电力电子通常涉及更高的电压和更大的电流。

普通电子技术主要用于电**信号**处理。这里的"信号"是指随时间或幅度变化的物理量,除电信号外,还包括声音、光等。传统电子技术的主要功能是对信号进行处理、计算、通信,或用于信息显示等场景。

而电力电子的核心任务是**实现电力形式的变换**。所谓电力变换,指的是改变电能的形态,如将直流电转换为交流电、调整电压或电流、改变频率等。具体包括以下几种转换类型:

- 将交流电转换为直流电,称为"**正变换**";
- 改变直流电的电压或电流,称为"**直流变换**";
- 将一种交流信号转换为另一种交流信号,称为"**交流变换**";
- 将直流电转换为交流电,称为"**逆变换**"。

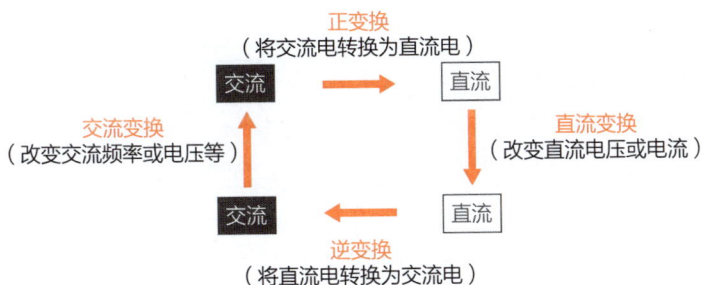

正变换
(将交流电转换为直流电)

交流 → 直流

交流变换
(改变交流频率或电压等)

直流变换
(改变直流电压或电流)

交流 ← 直流

逆变换
(将直流电转换为交流电)

▲ 电力变换

那么，为什么将直流电转换为交流电称为"**逆变换**"呢？

在电力电子出现之前，交流变直流只能通过发电机或电子管等实现，而将直流变为交流在技术上是不可行的。因此，电力变换传统上仅包含将交流转换为直流。电力电子实现了直流到交流的变换，这一过程与传统电力变换方向相反，故被称为"逆变换"。

英文中，"逆变换"对应 invert，意为"反转"，因此由直流变为交流的电路或装置被称为"**逆变器**"。

第 **6** 章　**各具特色的 电动机类型**

　　截至目前，我们主要将电动机分为直流电动机和交流电动机进行了介绍。然而，实际上存在着许多其他类型的电动机。有些电动机既不属于直流电动机，也不隶属于传统的交流电动机；有些虽然被归类为交流电动机，但结构或工作原理又相对特殊；甚至还有一些电动机不是依靠磁力驱动，而是基于其他物理作用力运转。接下来，我们将逐步介绍这些各具特色的电动机类型。

第 42 讲 步进电机——靠脉冲驱动

　　步进电机能够按照固定的角度（**步进角**）逐步旋转。每接收到一个脉冲，电动机便旋转一个固定的角度（如 1°），在下一个脉冲到来之前保持在该位置。下一次脉冲到来时，电动机再次旋转一个固定角度。其运动方式如下图 (b) 所示，呈阶梯状前进（步进）。这可以形象地类比为时钟的秒针：每次移动一个固定角度后停顿，再移动、再停顿，如此循环。

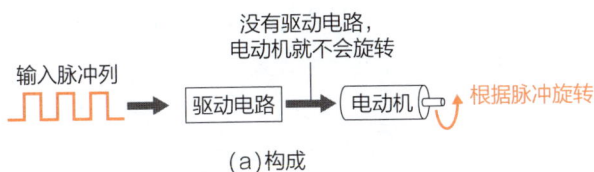

（a）构成

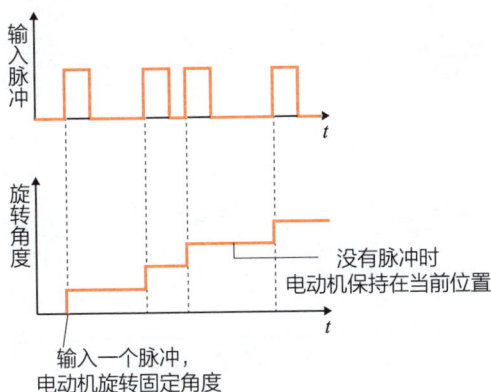

（b）步进动作

▲ 步进电机的控制原理

　　步进电机不同于传统的直流电动机或交流电动机，它是通过脉冲电流驱动的，因此有时也被称为"脉冲电机"。每接收一个脉冲电流，电动机便按照预设的步进角移动一次。

　　步进电机的另一显著特点是具备保持力。当电动机旋转到某一角度后，会产生维持当前位置的力——这被称为"保持转矩"或"保持扭矩"。保持转矩能够抵抗外部扰动力矩，防止电动机转动，起到类似汽车驻车制动的作用。

　　步进电机需要配合专用驱动电路（驱动器）使用。驱动电路接收到脉冲信号时，会向电动机的各组线圈顺序分配所需的电流脉冲。连续输入脉冲时，电动机会根据脉冲的数量旋转到对应的角度并停留在该位置。

下图展示了步进电机的基本工作原理。假设转子是永磁体，定子是线圈，每组线圈通过一个开关控制。

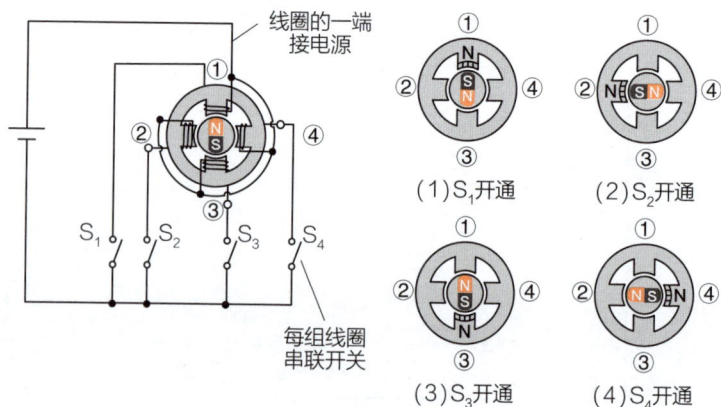

线圈的一端接电源

① ② ③ ④

S_1 S_2 S_3 S_4

每组线圈串联开关

(1)S_1开通　(2)S_2开通

(3)S_3开通　(4)S_4开通

▲ 步进电机的原理

在操作过程中，当 S_1 开通时，线圈①通电成为 N 极，转子 S 极被吸引至位置 (1) 并保持。随后关断 S_1，开通 S_2，线圈②通电成为 N 极，转子 S 极被吸引至位置 (2) 并保持。按顺序依次开通 S_3、S_4，转子将逐步旋转到位置 (3)、(4)，每次旋转 90°。

步进电机的每个脉冲对应一个步进角。上述例子为了便于说明，假设步进角为 90°。实际上，通过增加定子和转子的极数（如增多凸极），步进电机可以实现更小步进的移动，如每步 1° 等。

步进电机**以脉冲信号为控制信号**。脉冲数量决定了电动机旋转角度，**脉冲频率（每秒脉冲数）决定了电动机转速**。由于步进电机仅根据脉冲数量旋转，无须附加角度传感器即可获知转子的具体位置。计算机输出的信号本质上就是由 1 和 0 组成的脉冲序列，因此步进电机非常适合计算机控制系统。

脉冲（pulse）是在极短时间内发生突变的信号。可以将其理解为"在非常短的时间里切换开关状态的电信号"。

在英语中，"pulse"意为**脉搏**或**心跳**。心脏以一定的节奏收缩，将血液泵入动脉，此时动脉中的血压会随心跳而周期性变化。电学上的"脉冲"具有类似特性：脉冲信号就像心跳一样，以稳定节奏发生，令**电流或电压在"开"（高电平）与"关"（低电平）这两个状态之间迅速切换**。

对步进电机而言，每接收到一个电流脉冲，电动机就会旋转一个预设的步进角。

此前我们多次提及交流电波形，其特征是平滑且规则的**正弦波**，在正负之间连续变化。而连续的脉冲信号只是在"开"（高电平）与"关"（低电平）两个状态之间瞬时切换，并不存在缓慢过渡。因此，脉冲信号的变化形式与正弦波有本质区别。

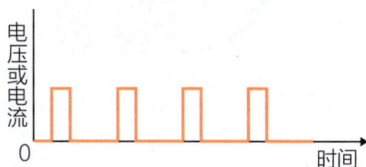

▲ 连续脉冲

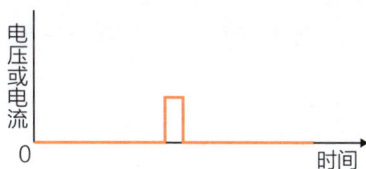

▲ 单脉冲

第 43 讲

各种各样的步进电机

按原理分类 /// ☑ PM 型　☑ VR 型　☑ HB 型　☑ 单极型　☑ 双极型

　　步进电机是一类被广泛应用于各类设备中的主流电动机。下面得要介绍步进电机的基本类型及其性能特点。

　　步进电机的步进角、转速和转矩等性能参数，会因其结构上的差异而有所不同。按照结构，步进电机主要分为 **PM 型**、**VR型**和 **HB 型**三种。

　　PM（permanent magnet，永磁）型步进电机以永磁体作为转子。第 42 讲中介绍的步进电机原理即以 PM 型为例。由于采用了永磁体，PM 型步进电机具有较大的转矩。但由于转子的磁极数量难以大幅增加，其步进角难以做小。

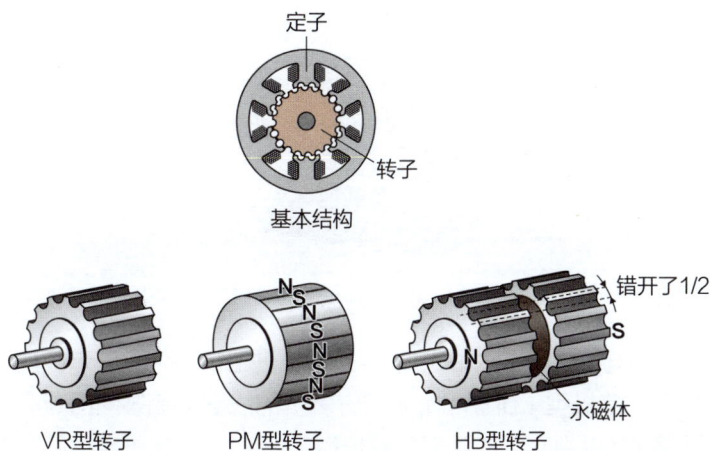

定子

转子

基本结构

N
S
N
S
N
S
N
S

错开了1/2

S

N

永磁体

VR型转子　　　　PM型转子　　　　HB型转子

▲ 步进电机的转子

　　VR（variable reluctance，可变磁阻）型步进电机是最早的步进电机类型之一，曾被用于驱动军舰炮塔。这类电动机的转子为齿状铁芯，通过转子齿[1]的凹凸变化产生**磁阻转矩**进行旋转（参见第 38 讲）。可以将这些转子齿视为一系列排列紧密的小凸极。将转子齿做得更精细可以减小步进角，但同时会导致保持转矩下降。

　　HB（hybrid，混合）型步进电机结合了 PM 型和 VR 型的优点。其转子由齿状铁芯和永磁体组成，因此既具备较大的转矩，又能实现较小的步进角。目前市面上销售的步进电机多为 HB 型。

　　HB 型步进电机引入**爪极**（claw pole）结构可以进一步减小步进角。爪极结构指的是磁极交错排列，不同线圈通以不同电流时能够产生不同的磁极排列，实现更细致的步进控制。

---

① 步进电机的极数，有时也被称为"齿数"。

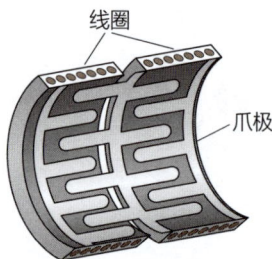

▲ 爪极型定子

　　根据电流在线圈中的流动方式，步进电机还可分为单极型和双极型。**单极型**（unipolar）步进电机的线圈电流方向固定，这正是第 42 讲中介绍的类型。**双极型**（bipolar）步进电机则允许电流在同一线圈中双向流动。虽然双极型的驱动电路比单极型复杂，但其输出转矩更大，能量利用率更高。

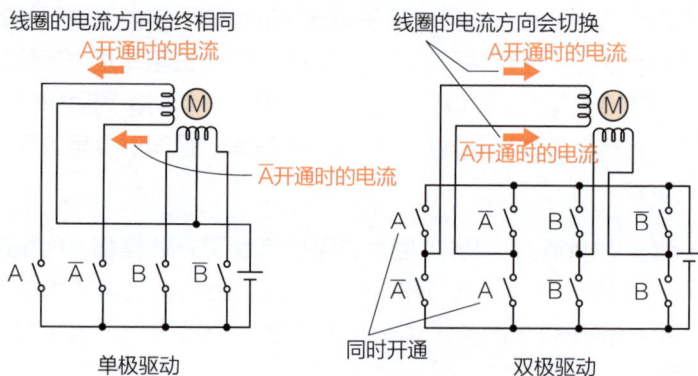

▲ 单极驱动和双极驱动

　　市售步进电机通常不标注额定转速或输出功率，而是以"转矩–转速特性曲线"展示其性能。选型时应结合负载条件、加减速等动态参数加以考虑。常见的步进角有 0.72° 和 1.8° 等。

专栏 22　电梯为什么不会晃动?

　　通常情况下,电梯由设置在楼顶**机房**内的设备驱动。机房内配置有与轿厢连接的卷扬机,通过减速器降低感应电动机的转速,实现对轿厢的稳定驱动。

　　电梯在启动与停止时几乎没有明显冲击,且能够精准停靠在各楼层。这种平稳性主要得益于电动机系统的精密控制。为了确保乘客的舒适体验,电梯的加速度被严格控制,即使人体难以察觉,控制系统也会实时调整运行状态,以避免晃动和不适感。实际上,高层建筑中的高速电梯运行速度非常快,有些电梯的最高运行时速甚至可以超过 70km,但依然保持平稳。

　　近年来,新型**无机房电梯**日益普及。这类电梯采用永磁同步电动机进行**直接驱动**(详见第 48 讲),无须在楼顶设置机房。**永磁同步电动机**通常设计为扁平或细长状,可直接安装在电梯井道内。由于无需机房,这类电梯适用于地下室等难以设置机房的场所,进一步拓展了电梯的应用空间。

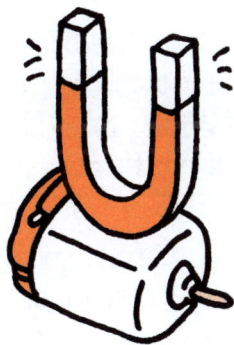

第 44 讲 磁阻电动机是未来发展方向吗？

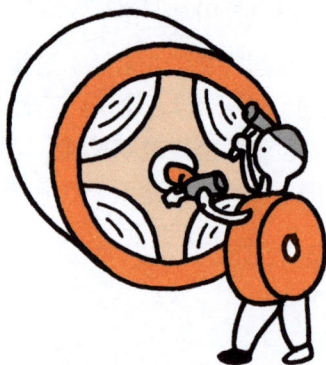

　　在交流电动机中，有一类仅利用磁阻转矩驱动的电动机，被称为**磁阻电动机**。磁阻电动机的转子仅由铁芯构成，通常采用凸极结构。定子则配备三相绕组。通三相交流电后，定子产生旋转磁场，转子依靠磁阻转矩与旋转磁场同步运转，因此磁阻电动机属于同步电动机。近年来，为了与第 45 讲所述的开关磁阻电动机（SRM，SR 电动机）加以区分，这种电动机又被称为**同步磁阻电动机**（synchronous reluctance motor，SyRM）或**同步反应式电动机**。

　　磁阻电动机只要具有下图所示的凸极转子就能产生转矩。不过,实际的转子形状更为复杂。

　　通常,转子内部设计有**弧形狭缝槽**(**磁障**)。狭缝槽内为空气,磁阻大,磁力线难以通过;而无狭缝槽的铁芯部分的磁阻小,磁力线易于通过。因此,磁力线在穿过转子时会沿狭缝槽形状发生弯曲,从而形成磁阻转矩。

　　作为同步电动机,磁阻电动机同样需要借助传感器与变频器进行精确控制。与永磁同步电动机(PMSM)相比,磁阻电动机的显著优势在于不使用稀土永磁材料,从而规避了对稀缺资源的依赖,具有较好的资源保障能力。因此,磁阻电动机被认为是下一代交流电动机的重要发展方向。然而,目前磁阻电动机的性能仍略低于永磁同步电动机,相关技术尚处于持续研发和改进阶段。未来,随着设计与控制技术的进步,磁阻电动机的发展前景值得期待。

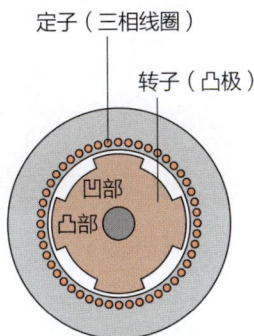

定子(三相线圈)
转子(凸极)
凹部
凸部

▲ 磁阻电动机的结构

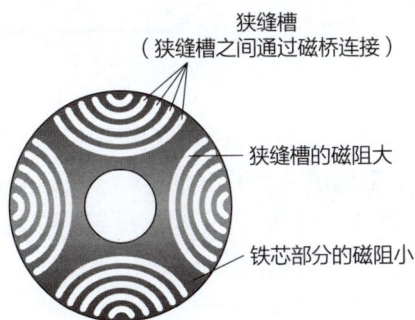

狭缝槽
(狭缝槽之间通过磁桥连接)
狭缝槽的磁阻大
铁芯部分的磁阻小

▲ 同步磁阻电动机的转子截面

第45讲 输出大转矩的开关磁阻电动机

　　在磁阻电动机中，定子和转子均采用凸极结构的类型被称为**开关磁阻（SR）电动机**。其通过脉冲电流驱动，因此结构上与 VR 型步进电机类似。然而，SR 电动机专为连续旋转设计，定子和转子的极数不像步进电机那么多。

　　在 SR 电动机中，为了产生磁阻转矩，定子与转子的凸极数一般不同。当定子和转子的凸极处于**对称位置**时，磁力线能够近似直线通过结构；而当切换电流使得磁场作用于其他非对称位置的定子凸极时，磁力线变得弯曲并试图变直，驱使转子旋转到对称位置。这一作用使得转子持续旋转。通过依次切换定子各相电流，不断重复上述过程，SR 电动机可实现连续平稳旋转。

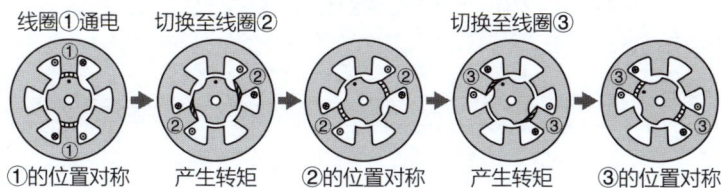

线圈①通电	切换至线圈②			切换至线圈③
①的位置对称	产生转矩	②的位置对称	产生转矩	③的位置对称

▲ SR 电机的旋转原理

　　分析 SR 电动机转矩的大小，需借助**磁化曲线**[1]。电流通过定子绕组时，线圈中储存的磁能与转子和定子之间的相对位置相关[2]。磁化曲线描述了电流递增过程中磁通量的变化情况，如下图所示，曲线左侧阴影部分的面积代表储存的磁能。

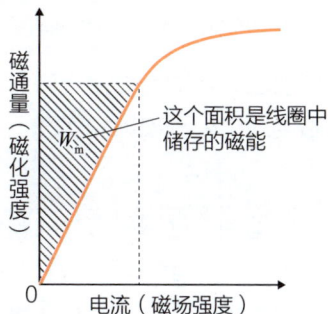

▲ 线圈中储存的磁能

---

[1] 磁化曲线是表示磁场强度与磁通量（磁化强度）之间关系的曲线。

[2] 线圈中储存的磁能可以用公式 $W_m = \dfrac{1}{2}LI^2$ 表示，其中 L 为**电感**。电感越大，磁能越大。

同时，气隙变化对电感的影响也要考虑：当定子和转子的凸极处于对称位置时，气隙最小，电感最大，磁通量最大，线圈中的储能也最大。随着相对位置的偏移，气隙变大，电感减小，磁通量和储能随之减小。这种由**相对位置变化产生的磁能差**，形成了磁阻转矩。

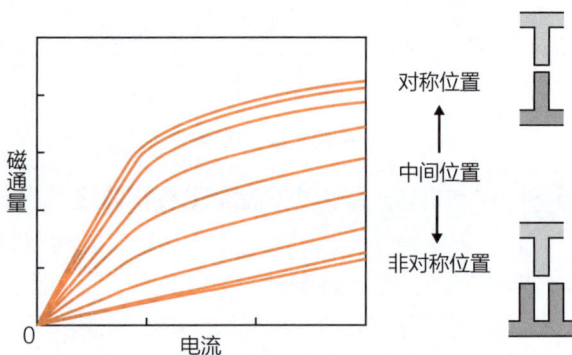

▲ 步进电机的凸极位置和磁通量

从磁化曲线可以看出，在对称位置，磁通量与电流之间不再呈线性关系，反映出电动机处于**磁饱和**状态——此时磁场强度与磁通量不再成正比。

在大多数电动机类型中，磁饱和会导致驱动性能下降，要极力避免。但 SR 电动机不同，其本身就是以**磁饱和为前提设计的**，可以在磁饱和下通入大电流，从而获得更大的转矩。这也是 SR 电动机实现大转矩输出的主要原因之一。

自动扶梯的速度控制

　　自动扶梯也是由电动机驱动的。扶梯的下方装有感应电动机。大多数自动扶梯以恒定速度运行，但也有一些在拥挤时会切换为更快的运行速度。

　　自动扶梯通过变频器控制电动机转速，不仅可以调节运行速度，还能减少启动时的冲击。无人时，扶梯以超低速运行；当检测到有人时，它会缓慢提速，以避免启动时的冲击感。

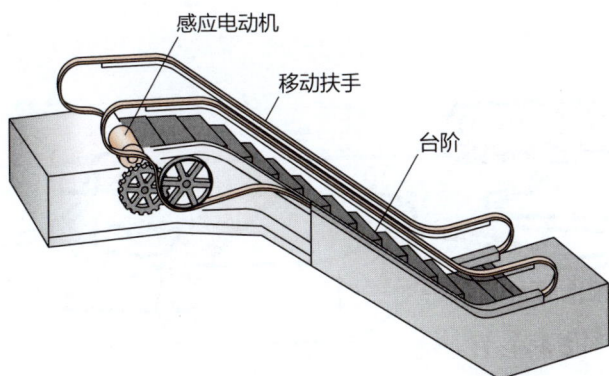

感应电动机

移动扶手

台阶

第 46 讲

交直流两用的通用电动机

按原理分类 ///   ☑交直流两用 ☑电源频率

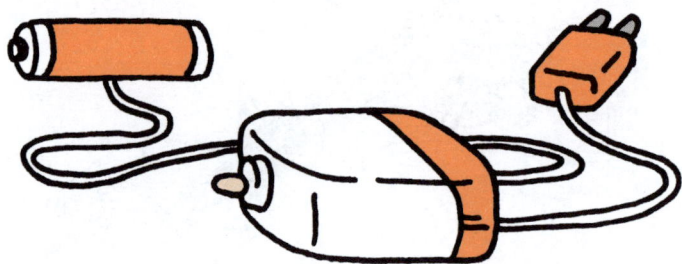

　　能够在交流和直流两种电源下运行的电动机，被称为**通用电动机**。这类电动机比较特殊，有时也称为**单相串励电动机**或**交流换向器电动机**。其结构与串励直流电动机（详见第 17 讲）完全相同，励磁绕组与电枢绕组串联。

　　通用电动机的工作原理如下图所示，**交流电的电流方向会周期性地在正负极性之间变化**（参见第 29 讲）。图 (a) 中的箭头表示当上方端子为正时的电流方向；图 (b) 则展示了电源极性反转后，电流方向的变化。

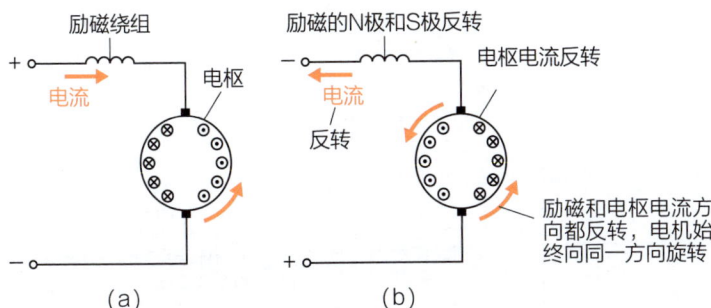

励磁绕组	励磁的N极和S极反转
电枢	电枢电流反转
电流	电流
	反转
	励磁和电枢电流方向都反转，电机始终向同一方向旋转

(a)　　　　　　(b)

▲ 通用电动机的工作原理

　　通用电动机的励磁部分采用电磁铁结构，因此电流方向决定了 N 极和 S 极的位置。这意味着，当电流方向发生反转时，励磁的 N 极和 S 极也会相应互换。同时，流经电枢绕组的电流方向也会随交流电的极性变化，通过电刷和换向器的作用实现同步反转。

　　由此，磁场方向和电流方向会随着交流电极性的变化而同时反转，确保电动机始终输出同一方向的转矩。因此，即使在交流电周期性改变电流方向的情况下，通用电动机也能保持单一方向旋转。

　　通用电动机使用交流电的目的在于提高转速。传统 2 极交流电动机的最高转速取决于电源频率（参见专栏 10），在 50Hz 下为 3000min^{-1}，在 60Hz 下为 3600min^{-1}。日本因历史原因，东西部地区电源频率分别为 50Hz（与中国及欧洲一致）和 60Hz（与美国、加拿大等国一致）。若需超越上述转速上限，通常需要使用变速器。

　　然而，通用电动机不像一般交流电动机那样存在转速上限。由于其转矩特性与串励直流电动机相同，转矩与转速成反比关系——转矩越小，转速越高；负载转矩增大，转速则降低。

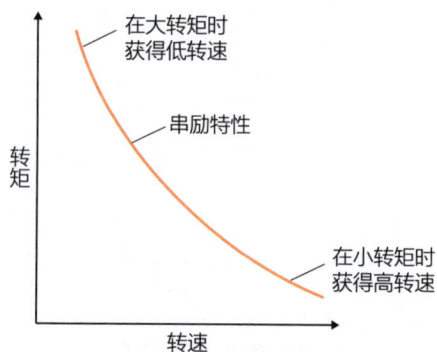

▲ 通用电动机的转矩特性

　　综上，通用电动机是一种无需增速齿轮即可实现高速运转的交流电动机。尽管也可用直流电源，但实际应用中以单相交流供电为主。

在楼宇和公寓中发挥作用的电动机

　　在楼宇、公寓等建筑中，电动机有着广泛的应用。首先，为了提供冷暖风，建筑物通常配备大型空调系统。其中，采用室外机的空调被称为"**组合式空调**"，与家用空调原理类似。此外，还存在通过循环冷水或利用风管输送冷风等多种空调形式。为实现整体通风换气，建筑物内还会安装各类风机。这些用于温度调节和通风的设备，统称为**空调设备**，它们都离不开电动机的驱动。

　　自动门的驱动装置同样依赖电动机，不仅实现门体的自动开合，还具备防夹功能，以保障用户安全。

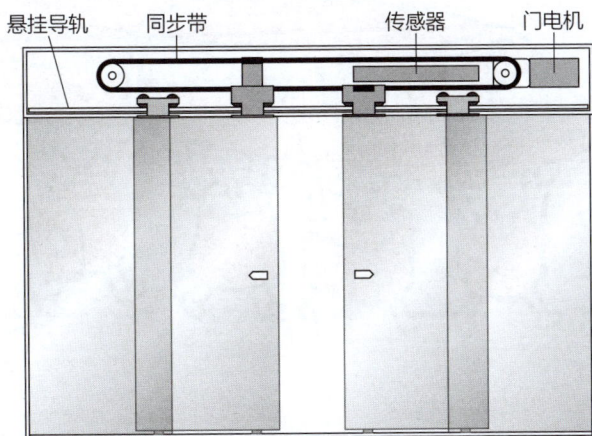

悬挂导轨　　同步带　　　　　传感器　　门电机

　　此外，机械式立体停车场也是电动机的重要应用场景。在这一系统中，车辆停放在托盘上，电动机驱动托盘实现上下或左右的移动，从而在有限空间内高效地容纳更多车辆。

第 47 讲 仅靠直线电动机无法实现悬浮

　　除前述各类电动机外，许多人还会联想到磁悬浮列车所采用的**直线电动机**。直线电动机可以理解为**将旋转电动机的结构延展为直线形态**。其主要作用是在直线方向上产生**推力**，这一推力类似于旋转电动机中的转矩。

　　根据推力产生的原理，直线电动机可分为**直线感应电动机**、**直线同步电动机**、**直线直流电动机**和**直线步进电机**等类型，其原理分别对应各种旋转电动机。

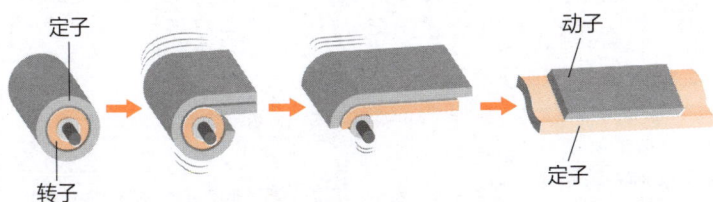

定子

转子

动子

定子

▲ 直线电动机在直线上产生推力

　　直线电动机通常由**定子**（固定部分）和**动子**（移动部分）组成。与传统旋转电动机将定子作为**初级**不同，直线电动机既可将动子作为初级，也可将定子作为**初级**。

　　由于直线电动机本身不涉及旋转运动，因此无须配置轴承，这使得电动机的结构可以设计得比传统旋转电动机更加紧凑。然而，由于无法使用减速器，直线电动机需要直接输出较大的推力。

　　集成直线电动机与导轨等部件的装置被称为直线导轨。直线导轨能够作为独立部件直接集成到各类机械设备中，应用范围非常广泛。

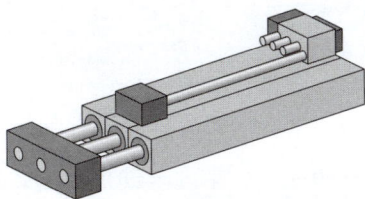

▲ 直线导轨

　　磁悬浮列车利用直线电动机推进，常见类型包括磁浮式磁悬浮列车与轮式磁悬浮列车。然而，直线电动机本身只能产生推力，无法实现悬浮功能。为实现车辆的悬浮，必须额外设置用于磁浮的专用线圈，以提供垂直方向上的悬浮力。

第 48 讲

直接驱动负载的
直驱电动机

按使用方式分类 ///   ☑外转子型   ☑内转子型

直驱电动机又称 DD（direct drive）电动机，能够直接以低速驱动负载。一般而言，常规电动机在高转速下工作效率更高。需要驱动低速旋转的负载时，通常会通过减速机构（如齿轮、链条或皮带）降低输出转速。齿轮和链条传动需要设置一定的传动**间隙**，以保证齿轮啮合顺畅；但间隙会带来噪声并降低传动效率。相较之下，皮带驱动可实现紧密附着、无间隙，但易发生打滑现象。

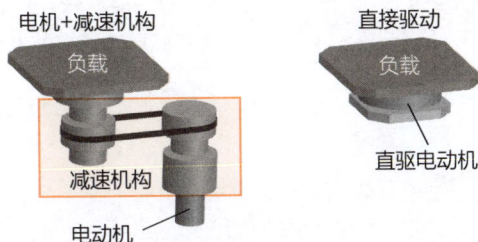

电机+减速机构

负载

减速机构

电动机

直接驱动

负载

直驱电动机

▲ 直驱电动机

　　直驱电动机专为低速高效工作而设计。它依靠高精度的控制技术，即使在低速运转时也能保持稳定输出。由于无需减速器，消除了传动间隙和相关噪声，整体运行平稳、振动小。此外，其结构紧凑，有助于缩小设备体积，带来了多方面的优势。

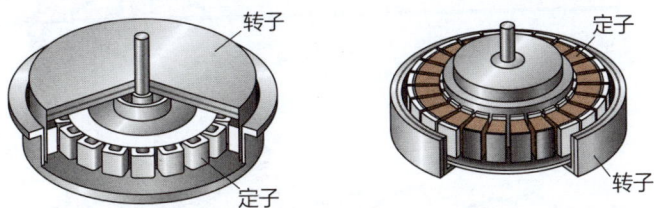

转子

定子

定子

转子

▲ 直驱电动机

　　为满足低速运转需求，直驱电动机通常采用高极数设计。同时，为了获得足够的转矩，定子绕组中须通以大电流。因此，在同等额定输出功率下，这类电动机的体积较大，且多为扁平状，以**外转子型**（参见第 12 讲）居多。

　　不过，直驱电动机也存在不足。由于电动机线圈布局等结构性原因，其固有的转速波动容易直接传递至负载端，影响系统运转的平稳性。

第 49 讲 进行反馈控制的伺服电机

按使用方式分类 /// ☑伺服控制 ☑电动机驱动系统

用于伺服控制的电动机系统被称为**伺服电机**。它不仅包括电动机本体，还包含**伺服放大器**（**驱动器**）、**传感器**等组成的**电动机驱动系统**。

伺服控制是一种根据机械的位置、方向、速度、姿态等目标量进行跟踪和调整的控制方法。"伺服"源自英文"servant"（仆人），意指按照外部指令完成指定动作的自动控制方式。

　　在物理学中，位置 x 的变化率即速度 $\dot{x}$，速度的变化率为加速度 $\ddot{x}$，可用微分方程对运动过程进行描述（参见专栏 25）。在电动机控制中，加速度对应电动机输出的转矩。由于转矩与电流成正比，调节电动机电流即可精确控制位置（旋转角度）、速度（转速）及加速度（转矩）。结合这些参数，可以实现全面的**运动控制**。

　　早期伺服系统多采用直流电动机（直流伺服），而现代伺服系统则以交流伺服为主，部分场景下也会选用步进电机作为伺服电机。

　　伺服电机通常需配合伺服放大器使用。伺服放大器通过比较目标指令值与传感器反馈值的偏差，动态调整伺服电机的运行状态。借助**反馈控制**（参见第 63 讲），不仅可以根据当前负载的机械状态实施调整，还能有效应对**外部干扰**，如温度变化、振动引起的负载转矩波动等。

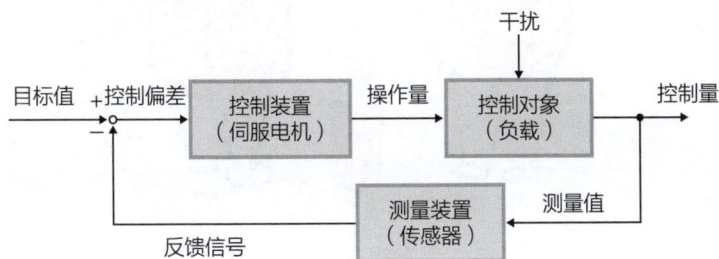

▲ 反馈控制

　　伺服放大器的性能和调整直接影响伺服电机的整体性能。此外，伺服电机与伺服放大器之间不仅需要传输电流的动力线，还需配置专门的反馈信号线。近年来，为简化布线并提升系统集成度，出现了将伺服放大器与伺服电机集成于一体的**一体化伺服电机**产品。

第 50 讲　小巧的主轴电机

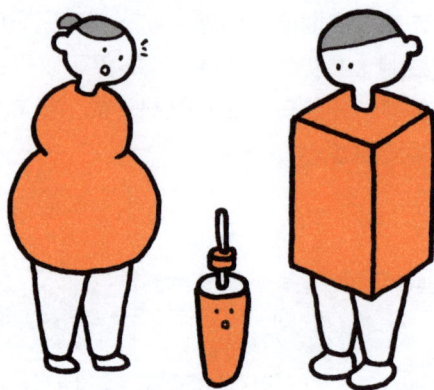

　　主轴电机是指电动机与旋转部件（**主轴**）高度集成的一体化电动机。传统电动机通常需通过联轴器连接负载轴，或通过变速器等部件进行动力传递。而主轴电机由于电动机与主轴高度整合，能够显著缩小整体装置的体积，使结构更加紧凑。

　　"主轴电机"更多地用于描述电动机与机械主轴一体化的结构形态，而非具体的工作原理。因此，主轴电机涵盖多种类型，如感应电动机、同步电动机、无刷电机等。

▲ 机床的主轴电机

在机床等设备中，主轴电机常用于驱动机床主轴，主轴上可安装钻头、砂轮等，用于钻孔、切削等加工。有些主轴电机通过商用电源直接驱动感应电动机，无法调速；有些则利用变频器进行调速。主轴电机通常具有细长的轴向结构，要求具备高转速和大转矩输出能力。

另外，主轴电机也广泛应用于驱动 CD、DVD 等光盘及硬盘存储设备。在这类应用中，主轴电机需要高速旋转，并具备高精度转速控制，以保障数据读写的稳定性。这类设备出于轻薄化考虑，多采用扁平、薄型主轴电机。

主轴电机　　磁盘　　磁头

▲ 硬盘驱动器的主轴电机

由于主轴电机通常需要实现高精度的速度和位置控制，因此也常被视为伺服电机的一种。

第 **51** 讲　低速也能大转矩
——减速电动机

按使用方式分类 ///　　☑螺旋齿轮　☑锥齿轮　☑大型电动机

　　集成电动机与减速器的一体化装置被称为**减速电动机**。虽然仅通过控制转速也可实现减速，但此时输出的转矩受限于电动机本身的极限。

　　借助齿轮减速，能够获得远超电动机本身的输出转矩，以适配**低速大转矩**的应用场景。

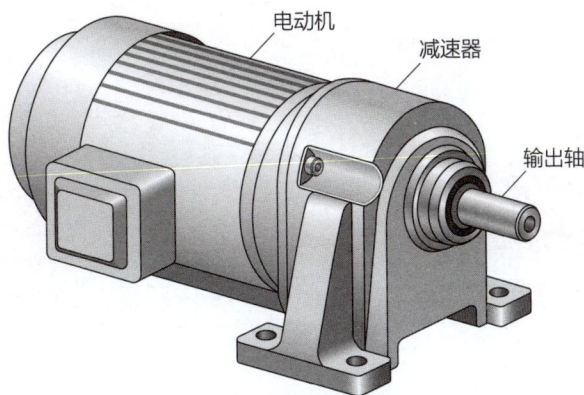

▲ 减速电动机

　　减速比通常用齿轮比表示，其倒数即为转矩比。换句话说，将输出转速降至原来的 1/10，理论上可将输出转矩提升至 10 倍。

　　不同的减速器根据**齿轮**种类，各有特点。例如，普通**直齿轮**（**平齿轮**）可实现与电动机平行的输出轴传动；**斜齿轮**（**螺旋齿轮**）则可实现更平稳、低噪声的啮合；**伞齿轮**（**锥齿轮**）可将输出轴方向转为直角；**蜗轮蜗杆**则适用于较大减速比。

　　除此之外，还有行星齿轮、谐波传动等多种类型的减速器。市售的减速电动机产品，正是由不同类型的减速器与各类电动机组合而成，从而满足多样化的低速大转矩需求。

直齿轮（正齿轮）　斜齿轮（螺旋齿轮）　伞齿轮（锥齿轮）　涡轮蜗杆

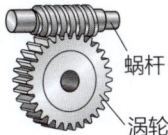

▲ 齿轮的种类

第 52 讲 医疗设备中的超声波电机

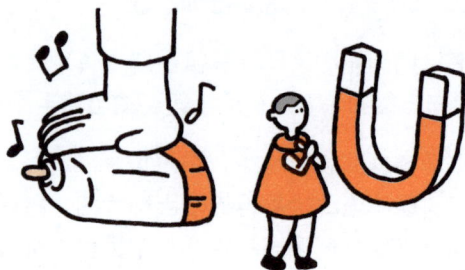

　　除了基于电磁感应的传统电动机，还有一种工作原理完全不同的电动机——**超声波电机**。超声波电机利用**压电效应**，即**材料受到机械压力时会产生电荷**的特性，**压电元件**是关键。

　　压电元件在外加电压作用下会产生可控的形变，随着电压变化而周期性膨胀或收缩。超声波电机正是利用这种特性，使压电元件产生高频振动。

　　通过巧妙地布置压电元件，并施加正负电压，可以形成上下振动的阵列。将由柔性材料制成的定子安置在压电元件阵列上，当阵列的振动频率与定子的固有频率一致时，系统产生共振，显

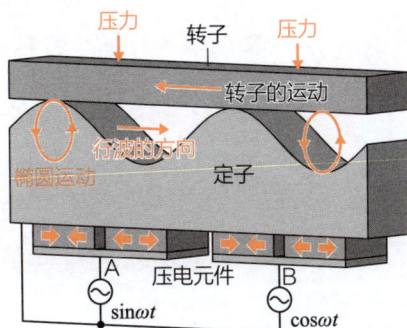

▲ 超声波电机的原理

著放大定子的振幅。由此，定子表面产生上下振动，并且该振动沿定子表面形成类似**行波**的移动。如果在定子表面压一个转子，转子会在摩擦力作用下，沿着与行波相反的方向运动，从而实现驱动功能。

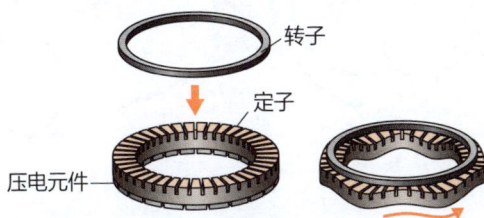

▲ 超声波电机的结构

　　实际上，超声波电机并未直接利用超声波进行驱动。之所以称为"超声波电机"，是因为定子的固有振动频率处于超声波频率范围（通常高于 20kHz）。超声波电机多采用由压电陶瓷（PZT）材料制成的**压电元件**。为实现驱动，常使用环形转子。超声波电机具有较大的输出转矩，并且在停止运行时也能保持自锁转矩。然而，由于依赖摩擦驱动，长期运行易磨损，因此不适用于连续长时间运转。但其不依赖磁力驱动，不受外部磁场干扰，因此广泛应用于 MRI 等需要强磁场环境的医疗设备中。

第 53 讲

在微型机械中大显身手的静电电机

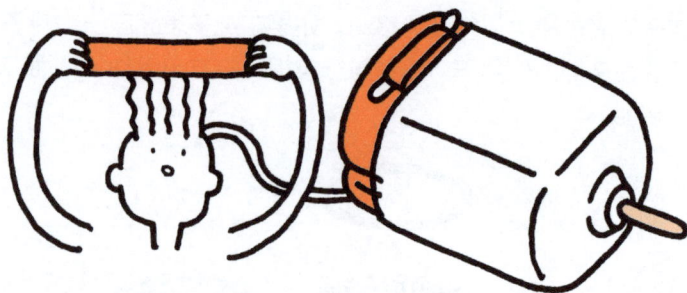

　　静电电机是一种利用静电之间的作用力实现运动的电动机。静电具有正负极性，不同极性间存在吸引或排斥的作用力。在一些科学实验和教学中，富兰克林电机就是典型的静电电机实例，它通过静电力驱动。

　　静电之间的作用力被称为**库仑力**。库仑力的大小与电场强度成正比，而并非直接与电压成正比。**电场**是描述单位距离内电势差的物理量，单位为 V/m（伏 / 米）。常见的电压值（如 220V、1.5V）表示的是两点之间的电势（**电位**）差，而电场取决于同一电势差作用下的距离：距离越短，电场越强。因此，在微小尺度下，即使使用较低电压，也能获得非常高的电场强度，从而产生较大的库仑力。

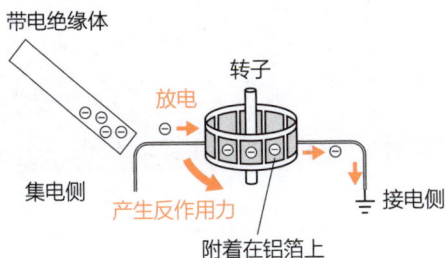

▲ 富兰克林电机的原理

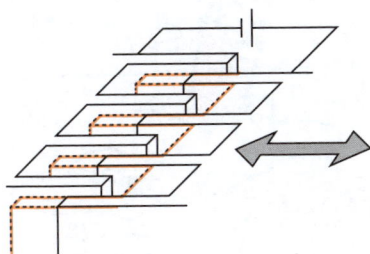

▲ 静电电机的工作原理

这一特性使得静电电机在微型机械领域具有独特优势。微型机械系统通常称为 MEMS（micro electromechanical systems，微机电系统），其制造工艺与半导体工艺类似，主要以硅基材料为基础。在一块硅基板上，可同时集成电路、传感器和执行器等多个功能部件。由于 MEMS 器件尺寸极小，静电电机即使在较低电压下也能获得足够高的电场强度，实现有效驱动。

虽然过去曾有人期望在 MEMS 中实现旋转型静电电机，但目前实际应用中，静电电机多用于实现往复运动或直线运动。

第 54 讲 曾经使用过的电动机

　　如前文所述，电动机的分类方法多种多样，可按照用途、工作原理、发明者等进行分类。即便是同一类电动机，在不同的分类体系下，也可能被赋予不同的名称。前述内容主要介绍了当前广泛应用的电动机，但历史上还存在许多名称和结构各异、现已较少使用的电动机类型。此外，还有一些本书未详细阐述但目前仍在使用的电动机。下面简要归纳部分已停用或较为特殊的电动机类型，以及一些尚未涉及但具有代表性的电动机。

▼ 各种各样的电动机

名　称	特　征
感应电动机	结构类似于 HB 型步进电机，由单相交流电源驱动，适合低速运行
罐式电动机	适用于液体环境，将绕组部分密封成罐状以防水
离合电动机	内置离合器，便于动力分离和切换
起重机电动机	绕线式感应电动机，双轴结构，适用于高频启停且发热量低的起重设备
锥形转子电动机	采用圆锥形转子，通过吸引力实现制动功能
晶闸管电动机	通过晶闸管调控电压的绕线式同步电动机，属大容量无刷电机，也称作无换向器电动机
施拉格电机	三相并励交流换向器电动机，转子有两套绕组——一套经滑环供电，另一套接换向器，并通过可调电刷控制转速
启动电机	通常为启动发动机用的直流串励电动机与减速器的集成装置，俗称"启动马达"
定时电动机	功率小于 1W 的单相同步电动机，主要用于时间控制
特殊鼠笼式电动机	通过改变鼠笼式转子结构以优化感应电动机的启动性能
转矩电动机	鼠笼式感应电动机，通过提高转子电阻及电压控制，实现宽范围调节转速
压缩机电动机	密封于空调或冰箱压缩机内部，与制冷剂直接接触，采用特殊材料绝缘
推斥电动机	单相绕线式感应电动机，启动后短接换向器，具备较大启动转矩
磁滞电动机	单相同步电动机，利用转子的磁滞特性产生转矩，无需辅助启动装置
唱机电动机	唱片播放器专用电动机，旨在抑制旋转波动和机械振动，保证声音稳定
制动电动机	集成机械或电气制动装置的电动机
音圈电动机	基于扬声器原理，利用永磁体使线圈产生往复直线运动的直线电动机
变极电动机	通过特殊绕组结构实现极数可变的感应电动机
微型电动机	功率低于 3W 的直流串励电动机，适用于微小型应用
感应式同步电动机	转子同时配置永磁体和鼠笼式导体，启动时以感应电动机运行，随后同步运转
反应式电动机	即磁阻电动机，依据磁路反应实现转矩输出
沃伦电动机	输出轴安装高减速比齿轮的 2 极罩极式磁滞电机，采用单相电源，可实现极低速运转

　　随着材料科学和制造技术的不断进步，部分曾经被淘汰或不常用的电动机类型，将来有可能因新技术和新需求重新被关注并得到应用。因此，这些电动机或许会在未来的技术浪潮中焕发新的活力。

当我们想要控制由电动机驱动的物体时，最基本的思路是使用**运动方程**。运动方程的基本形式为

$$\text{力}—F = m\ \alpha—\text{加速度}$$
$$\underset{\text{运动物体的质量}}{}$$

运动中，位置对时间的一阶导数是速度，即每单位时间的位置变化量。如果用 x 表示位置，则速度 v 为

速度　$v = \dfrac{\mathrm{d}}{\mathrm{d}t}x = \dot{x}$

进一步，速度对时间求导得到加速度，即每单位时间的速度变化量：

加速度　$\alpha = \dfrac{\mathrm{d}}{\mathrm{d}t}v = \dfrac{\mathrm{d}^2}{\mathrm{d}t^2}x = \ddot{x}$

在电动机控制领域，线性运动的物理量对应于旋转运动的相关参数。具体地，位置 x 对应旋转角度 θ，速度 v 对应角速度 ω，加速度 α 对应转矩 T。此外，驱动力 F 在旋转系统中则对应转矩 T。其数学表达式如下：

转速　$\omega = \dfrac{\mathrm{d}\theta}{\mathrm{d}t} = \dot{\theta}$

转矩　$T = \dfrac{\mathrm{d}\omega}{\mathrm{d}t} = \dfrac{\mathrm{d}^2\theta}{\mathrm{d}t^2} = \ddot{\theta}$

在实际的电动机控制中，核心任务是调节电动机的转矩 T。无论是位置、速度，还是加速度的精确控制，最终都需要通过转矩控制来实现，而转矩控制通常依赖电动机电流的精准控制。

要注意的是，在电动机控制领域，转速（角速度 ω）常被称为"速度"。这与线性运动中的速度 v 有所不同，应加以区分。

第 **7** 章 电动机选型概要

　　在前面的章节中，为了方便大家理解，我们省略了一些专业术语的详细解释。在第 7 章，我们将对这些关键术语予以系统梳理并补充说明，帮助读者更准确地理解其含义，为实际电动机的选型和应用提供支持。

尝试将电动机直接连接到电源

电动机的性能与特性 /// ☑直接连接电池或插座 ☑相序的变更

如果希望通过干电池或电源插座直接供电，就必须选用与该电源类型相匹配的直流电动机或交流电动机。实际上，许多电动机的确可以直接连接到电源使用。

对于干电池供电的应用，通常采用小型**永磁直流电动机**，模型玩具中的驱动电动机即为此类。直流电动机可以通过调节其端电压来实现调速，因此更改电池串联数即可改变电动机转速。

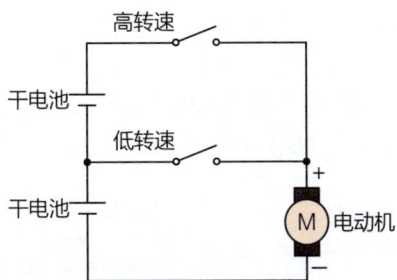

▲ 直流电动机的简易调速

此外，直流电动机可以通过交换电源正负极实现反转，也就是改变干电池的连接方向即可。

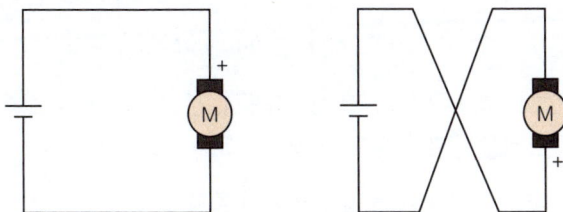

▲ 直流电动机的反转

选用直流电动机时，需特别注意所用电源的电压。不同类型的干电池和蓄电池的输出电压不同，例如，1.5V 干电池驱动的直流电动机与汽车用的 12V 直流电动机截然不同，混用可能导致电动机损坏。

如果打算直接连接到插座使用，由于插座提供的是单相交流电，此时应选用**单相感应电动机**。单相感应电动机的旋转方向由其内部结构决定，即使交换插头的两条线，电动机的旋转方向也不会变。此外，这类电动机在未经特殊设计的情况下无法调速，转速受限于电网频率及电压。

工厂或商用场所一般提供三相交流电，可以选用**三相感应电动机**。三相交流电通过三条相线（R、S、T），接电动机端子 U、V、W。要改变三相感应电动机的旋转方向，只需交换任意两条相线的连接顺序，即**改变相序**。

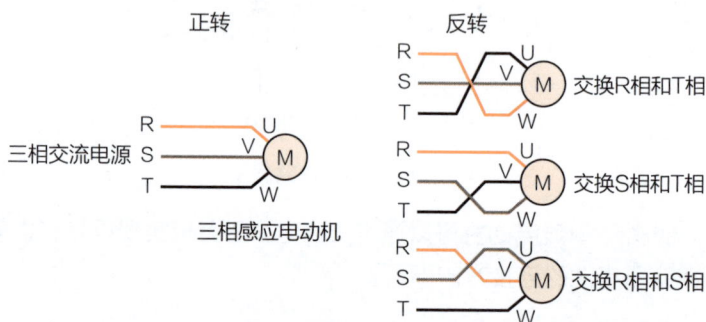

正转　　　　　　　反转

三相交流电源

三相感应电动机

交换R相和T相
交换S相和T相
交换R相和S相

▲ 三相感应电动机的反转

要注意的是，无论是单相还是三相感应电动机，若要调速，必须配备**变频器**等专用控制设备。

综上所述，无论是直流电动机还是交流电动机，若直接连接至电源，只能通过开关实现启动或停止。要实现调速，则必须辅以其他控制手段，如使用变频器、调速器等。

电动机的性能与特性 /// ☑转矩特性 ☑最大输出功率 ☑损耗

当电动机带动负载旋转时，其性能主要通过输出功率来衡量。正如第 1 章所述，输出功率（W）等于转速与转矩的乘积。也就是说，在转矩相同的情况下，转速越高，输出功率越大。输出功率不仅反映了电动机的运行状态，还可用于不同电动机型号间的对比。

下图展示了两个电动机在不同转速下的转矩特性曲线（参见第 10 讲有关负载的转矩特性）。

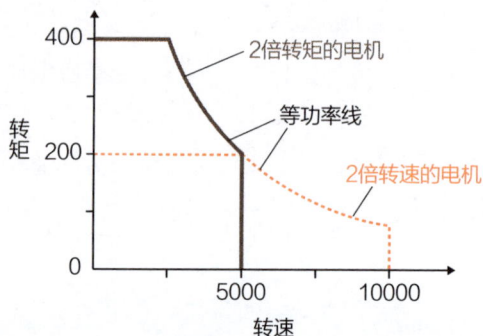

400

2倍转矩的电机

等功率线

转
矩 200

2倍转速的电机

0

5000   10000

转速

▲ 转矩 - 转速特性

图中展示了两个电动机的特性：一个电动机的最大转矩是另一个的 2 倍，但最高转速只有后者的 1/2；另一个电动机的最大转矩是前者的 1/2，但最高转速是前者的 2 倍。一般来说，电动机很难在最高转速下输出最大转矩，因此，大多数电动机的转矩 - 转速特性曲线右上角表现为缺口，形成等功率线。这条线上的功率值被称为**最大输出功率**。由此可见，这两个电动机虽然特性不同，但最大输出功率相同。如果通过齿轮调整两者转速至相等，则它们的实际工作能力是一样的。因此，仅以输出功率评价电动机，并不能全面反映电动机的性能。

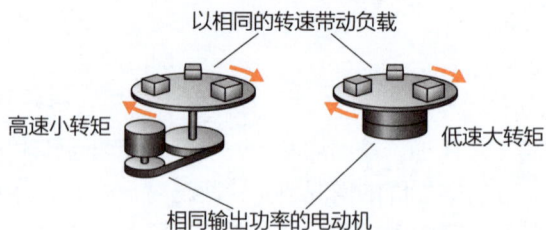

以相同的转速带动负载

高速小转矩

低速大转矩

相同输出功率的电动机

▲ 仅凭输出功率不能全面反映电动机的性能

另一方面，转矩与电流成正比。这一规律同时适用于直流电动机和交流电动机。转矩越大，所需电流越大，相应地，电动机的体积也会增加。

电动机旋转时，会产生与转速成正比的**感应电动势**（参见第 7 讲）。不同类型电动机的电动势常数各异，无法直接对比，但可以明确，感应电动势随转速升高而增大。这一特性与第 61 讲所述的电动机控制密切相关。

电动机性能还可以通过效率来衡量。效率是指**输出功率**与**输入功率**的比值。电动机的输入功率（或称消耗功率）等于输出功率与各项损耗之和。损耗是指输入功率中因发热等原因而损失的部分。

$$效率 = \frac{输出功率}{输入功率} \times \frac{输出功率}{输出功率 + 损耗} \times 100\%$$

由流经线圈的
电流产生

轴承摩擦、
空气阻力等

$$损耗 = 铜损 + 铁损 + 机械损失$$

铁芯在磁通变化下产生

主要损耗包括**铜损**与**铁损**。铜损是指电流通过电动机线圈时，由线圈电阻产生的**焦耳热**，损耗大小与电流平方成正比。因热量主要由铜线圈产生，因此被称为铜损。

铁损则是铁芯在磁通变化下产生的损耗，包括磁滞损耗和涡流损耗，损耗大小随频率和电压变化。

除此之外，空气阻力、轴承摩擦等**机械损耗**也会降低效率，但占比一般较小。提高电动机效率的有效途径是降低以上各种损耗。

第 57 讲 转矩与电流成正比，转速与电压成正比

电动机的性能与特性 /// ☑转矩与电流 ☑感应电动势与转速 ☑转速与电压

　　转矩与电流成正比是电动机的一个基本特性。如果电动机的转矩大于负载所需的转矩，电动机将加速，转速随之提高（参见第 10 讲）。**控制电流可以调节转矩**，进而**影响转速**。

　　另一个重要特性是感应电动势与转速成正比。从外部向电动机端子施加电压时，旋转中的电动机内部会产生感应电动势导致的反向电压。此时，为了确保电流能够流过电动机，必须施加一个高于感应电动势的电压。

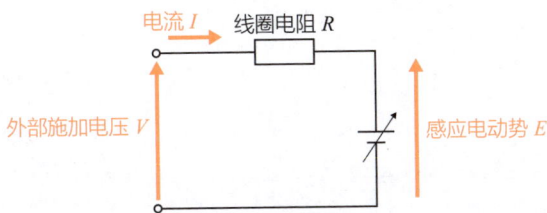

▲ 流过电动机的电流

上图将电动机简化为一个等效电路进行展示。根据电路特性，流过电动机的**电流** I 与外部施加**电压** V 和**感应电动势** E 的差值成正比。电流大小可通过欧姆定律计算：

$$\text{电流 (A)} - I = \frac{\overset{\text{电压 (V)}}{V} - \overset{\text{感应电动势 (V)}}{E}}{\underset{\text{线圈电阻 (Ω)}}{R}}$$

由此可见，**电动机的转速与电压成正比**。即使在相同的电流下产生相同的转矩，也需要根据转速的变化来调整电压。

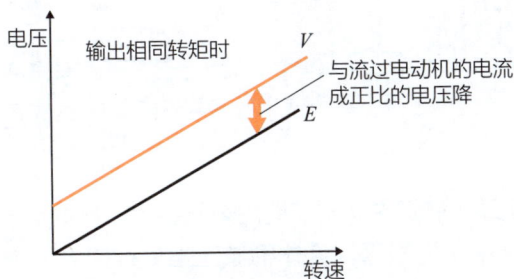

▲ 电动机转速与电压的关系

上述说明以直流电动机为例，但交流电动机的基本原理与之类似：转矩与电流成正比，转速与电压成正比。不过，交流电动机的转速还受电源频率的影响。

第 58 讲 电动机如何节能？

　　控制电动机转速是实现节能的重要手段，其效果在风扇、泵等流体机械中尤为显著。**流体机械**泛指处理空气、水等流体的装置。

　　传统上，风扇和泵的流量调节通常依赖简单的开关控制，无法连续调节流量。因此，常采用外部方法调节流量，如在管道中安装挡板，通过改变挡板角度限制流量。然而，这种方法虽能减小流量，但电动机运行状态基本不变，耗电量并不能明显降低。

相比之下，直接通过调节电动机转速来控制流量，能显著节约用电。风扇和泵的机械转矩通常与转速的平方成正比，电动机输出功率等于**转矩乘以转速**。因此，流体机械的输出功率实际上正比于**转速的立方**。当转速降为原来的一半时，电动机的耗电量将降低至原来的 $1/2 \times 1/2 \times 1/2 = 1/8$。为此，许多流体机械广泛采用转速控制技术实现节能。

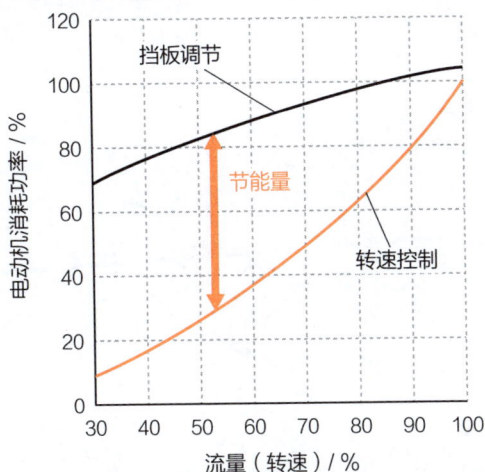

▲ 通过转速控制实现节能

要注意的是，**降低电动机转速可能导致效率下降**。电动机损耗包括随转速变化的损耗和与转速无关的损耗。如果降低转速后输出功率相应减小，那么与转速无关的损耗在总损耗中所占比例会增加，整体效率可能降低。为应对这一问题，近年来流体机械广泛使用永磁同步电动机（PMSM）——即使在低速运行时也能保持较高的效率，从而进一步提升电动机系统的节能效果。

第 ⑤⑨ 讲 用斩波器调整直流电压

电动机的控制 /// ☑斩波器 ☑降压斩波器 ☑升压斩波器 ☑H桥

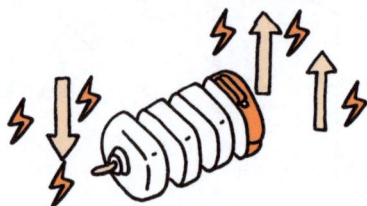

在电力电子技术中，斩波器是一种专门用于改变直流电压的电路，其输入和输出均为直流，广泛应用于直流电动机控制。

斩波器通过周期性地开关，实现对直流电源的断续"切

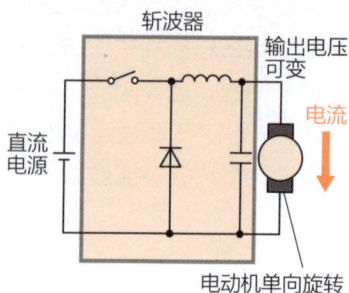

▲ 基于斩波器的直流电动机控制

割"，因此被称为"斩波器"。输出电压的大小取决于开关的开通时间与关断时间之比——占空比。根据电路结构和功能，斩波器可分为**降压斩波器**（用于降低输出电压）和**升压斩波器**（用于提高输出电压）。在电动机控制应用中，常用的是降压斩波器。

　　通过斩波器控制电动机端电压时，输出电流也会随之变化。输入斩波器的直流功率等于**电压与电流的乘积**。理想情况下，斩波器本身并不消耗功率，因此输出功率等于输入功率。例如，如果斩波器将输出电压降低为原来的 1/2，则理论上输出电流将增大到原来的 **2 倍**。然而，实际输出电流的大小还取决于电动机负载的运行状态及响应特性。

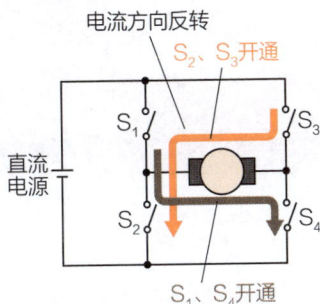

▲ 采用 H 桥电路的正反转斩波器

　　通过调整斩波器输出至永磁直流电动机的电压，可实现对电动机转速与转矩的调节。但单独使用降压斩波器，无法改变电动机的旋转方向。若需切换电动机正反转，则要采用能够输出正负极性电压的电路，如 H 桥电路。

　　H 桥电路由 4 个开关器件组成，通过控制不同开关组合的通断，可选择性地改变施加在电动机两端的电压极性，从而使电动机实现正转或反转。如下图所示，当 S_1 和 S_4 开通、S_2 和 S_3 关断时，电流沿一个方向流动，实现正转；反之，当 S_2 和 S_3 开通时，电流方向相反，实现反转。

　　对于并励或复励式直流电动机（参见第 17 讲），因励磁回路与电枢回路相互独立，可在其中分别加入"励磁斩波器"和"电枢斩波器"进行独立或联合控制，以进一步拓展控制功能。

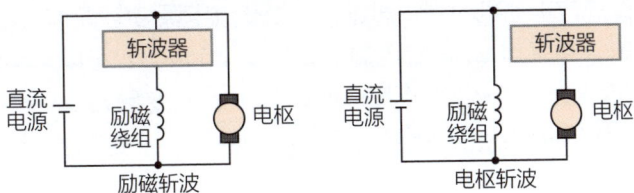

▲ 励磁斩波和电枢斩波

第60讲 用变频器控制电动机转速

　　交流电动机的转速与电源频率成正比（参见第 32 讲）。利用变频器可以灵活控制交流电的频率和电压，因此，在交流电动机控制领域，变频器得到了广泛应用。

　　以感应电动机为例，通过在三相交流电源与电动机之间接入变频器，并采用 *V/f* **恒定控制**（参见第 40 讲），可以方便地实现无级调速。这类变频器常被称为 **VVVF 变频器**。VVVF 是"variable voltage variable frequency"（可变电压、可变频率）的缩写。

通用变频器常用于普通三相感应电动机的控制。所谓"通用"，即只要是标准的感应电动机，都可用这类变频器进行调速。通用变频器一般接于三相交流电源与电动机之间，通过调整输出频率和电压，实现感应电动机的调速。

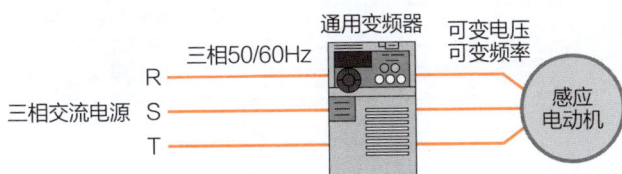

通用变频器　可变电压 可变频率

三相50/60Hz

R
三相交流电源　S
T

感应 电动机

▲ 基于通用变频器的感应电动机控制

然而，同步电动机仅仅通过三条相线连接变频器，并不能确保正常运行。对于同步电动机，当交流电流所产生的**旋转磁场**与电动机实际转速不同步时，电动机将无法启动或正常运行（参见第 31 讲）。换句话说，即使对静止的同步电动机施加商用交流电源，也无法直接启动。

不仅永磁同步电动机，绕线式同步电动机也有同样的情况。如果运行过程中过载，导致电动机实际转速与变频器输出频率出现明显偏差，电动机会发生"**失步**"现象——转速逐渐下降直至停止。因此，采用变频器驱动同步电动机时，通常需要为电动机加装转速传感器，将实际转速反馈给变频器，由变频器通过反馈控制（参见第 63 讲）自动调整输出频率，从而稳定提升至目标转速。

此外，同步电动机的实际转速略微偏离同步转速时，会产生"**牵入转矩**"，使电动机转速重新回到同步转速。

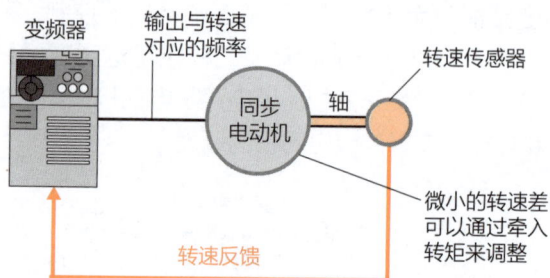

▲ 同步电动机的变频器控制

　　要注意的是，这里所说的同步电动机转速反馈控制，与永磁同步电动机的控制方式有所不同。第 36 讲中提到，永磁同步电动机需要反馈并控制旋转角度，属于**矢量控制**（参见第 41 讲）。而对于一般同步电动机，仅有转速反馈也可以实现调速，但电动机在遭受外部干扰或负载变化时容易出现失步现象。

为什么逆变器能产生交流电？

电动机的控制 ///   ☑逆变器　☑整流器　☑三相桥式电路

　　严格来说，逆变器是一种用于**将直流电转换为交流电的电路**。不过，通常情况下，**含有逆变器的设备**也被称为变频器。而将交流电转换为直流电的电路或装置被称为**整流器**。接下来，我们将介绍**逆变器**的基本工作原理。

　　为了实现直流电向交流电的转换，需要利用两个交替动作的联动开关，将电源的正极和负极轮流连接至负载。如下图所示，当开关 S_1 接端子 1′ 时，开关 S_2 应接端子 2′。通过固定时间间隔切换 (1′, 2′) 和 (1″, 2″) 的连接状态，使流经负载（如电阻）的电流方向周期性地变化。当连接状态为 (1′, 2′) 时，电流方向为向下；切换为 (1″, 2″) 时，电流方向为向上。图 (a) 显示了该过程中流经电阻的电流方向和电压极性如何交替变化。由于电流方向不断变化，负载上就形成了交流电流，这正是逆变器实现交流输出的基本原理。

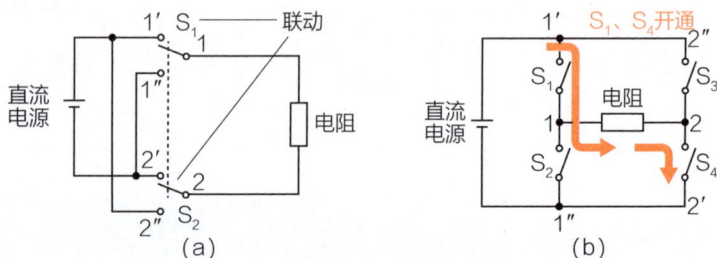

▲ 逆变器的原理和电路

　　在实际应用中，逆变器通常采用晶体管等半导体器件作为开关。半导体开关只能实现通断操作，但不能像机械开关那样直接切换极性。因此，S_1 实际上由两个独立的半导体开关构成，分别控制 1′ 和 1″ 的通断状态。这样便形成了前面提到的 H 桥电路。如上图 (b) 所示，当 S_1 和 S_4 开通时，电流从右向左流过负载；当 S_2 和 S_3 开通时，电流方向为从左向右。通过这种方式，H 桥电路可以实现与切换开关相同的效果。此时，电阻上的电压和电流波形如下图所示。

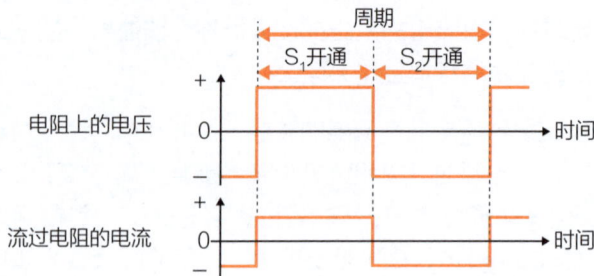

采用上述结构，尽管实现了直流电到交流电的转换，但输出的交流波形通常为**方波**，而非理想的正弦波。为了使逆变器输出的交流电接近正弦波，需要采用 **PWM 控制**（详见第 40 讲）。利用高频 PWM 技术，可以使输出电流更接近正弦波，从而提高电动机的运行效率和稳定性。

以上讨论主要针对**直流电转换为单相交流电**的情形。若需驱动三相交流电动机，则必须将直流电转换为**三相交流电**（参见第29 讲）。这通常使用下图 (a) 所示的**三相桥式电路**实现。该电路由三组上下开关组成，且每组的上下开关交替导通，即 S_1 开通时 S_2 关断，反之亦然。通过将三组开关的开通时刻相互错开1/3 周期，可在输出端得到三相交流电，以驱动三相交流电动机。在此基础上进一步采用 PWM 控制，还可以实现近似正弦波的三相交流电输出。

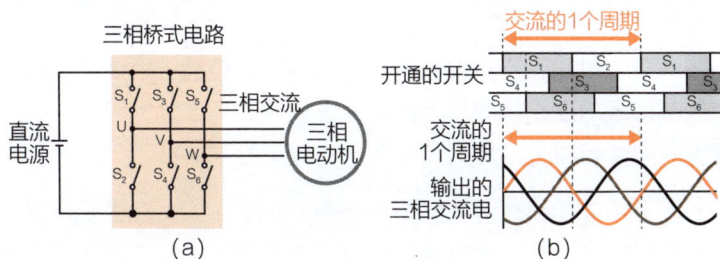

▲ 三相逆变器的结构和工作原理

工厂中电动机的应用极为广泛，几乎随处可见。以下简要介绍几种典型的电动机应用场景。

车床是一种通过旋转工件并利用刀具进行切削加工的设备。通过调节电动机的转速，能够改变车床切削速度和加工精度，便于工匠根据需要进行精细加工。如果要实现自动化加工，则需配备计算机控制系统和高精度伺服电机，以满足对位置和速度的高精度控制要求。

机器人可以看作由多个电动机构成的复杂系统。以机械臂为例，为了实现灵活运动，通常至少需要配置 6 台电动机，分别负责臂部和腕部关节的旋转、前后移动以及上下运动。用于机械臂关节的电动机必须具备小型化、轻量化和大转矩输出等特点，以满足机器人运行的动态性能要求。

此外，机械臂不仅要将目标移动到指定位置，还要精确控制到达该位置的**运动轨迹**。因此，通常采用高精度伺服电机，并根据不同的性能需求，选用减速电动机或直驱电动机。

工厂中的**物料搬运**同样离不开电动机。例如，**起重机**在移动或吊运物料时，多采用感应电动机作为动力源。为防止吊运过程中物料晃动，需要对电动机进行精细控制。同时，考虑到起重机启停频繁，通常会选用温升较低的绕线式感应电动机，以确保设备运行的安全与稳定。

第 62 讲 了解逆变柜的原理

转换

　　前文已介绍了逆变器的基本原理，下面进一步说明**逆变柜**。逆变柜是一种集成逆变器的电力电子设备，其核心功能是转换和调节电能的形式。它能够根据不同类型的输入电源，实现对输出电力参数的灵活控制。

　　在输入方面，逆变柜可适应各种类型的电源供给。对于**直流输入**，可直接引入逆变器，这在依靠电池供电的应用场景（如电动汽车）中非常常见。对于**交流输入**，则先利用整流器将交流电转换为直流电。整流器是一种将交流电转化为直流电的电子电路，家用电器等多采用单相交流，因此通常配备单相整流电路。

在输出方面，逆变柜可以输出单相交流、三相交流，甚至适用于大功率电动机的六相或**多相交流**。这意味着，逆变柜能够根据需求，根据不同的输入电源，实现多样化的交流输出。不过，不同的输入输出组合需选配对应类型的逆变柜。需要注意的是，对于部分小型电动机，逆变器有时与电动机集成为一体，外观上难以区分是否采用了逆变器驱动。

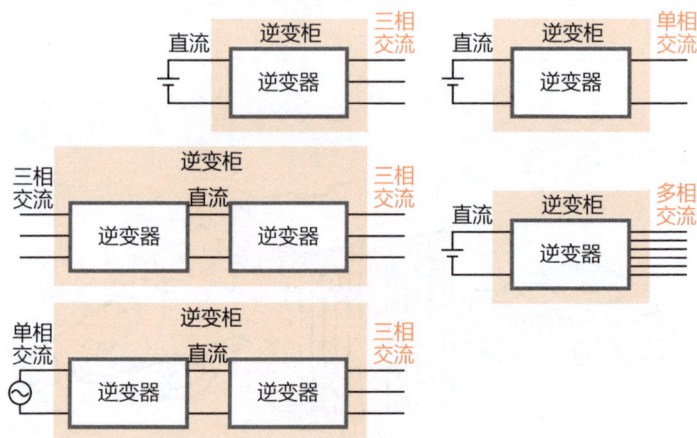

▲ 逆变柜的输入和输出

逆变器的应用不仅限于电动机驱动，也常用作交流电源。例如，太阳能电池板产生的直流电，必须通过逆变器转换为交流电后，才能接入电网或为交流负载供电。又如风力发电，风速变化会导致发电机输出频率波动，需要利用逆变器将其转换为恒定频率后输出。这类能够输出固定频率和恒定电压的逆变器，被称为**CVCF（constant voltage constant frequency，恒压恒频）逆变器**。

第 63 讲 了解反馈控制的原理

　　第 60 讲曾提到，同步电动机的运行需要反馈控制。接下来，我们进一步探讨包括其他类型电动机在内的反馈控制原理。

　　理论上，如果充分了解电动机的特性，并能准确控制其端电压，就能让电动机按照预设的转速和转矩运行。然而，在实际应用中，电动机常常会受到负载变化等外部扰动的影响，导致运行状态发生变化。例如，风扇运行时遇到逆风，或车辆行驶中轮胎碾过石头等，都会引起负载转矩的突变。这时，尽管电动机的输出转矩未变，但负载转矩的突变会导致转速波动。这类由外界引起的影响通常被称为"**扰动**"或"**干扰**"。

为了使电动机在存在干扰的情况下仍能稳定地维持目标运行状态，需要采用**反馈控制**机制。反馈控制通过传感器实时检测电动机的当前状态，并自动调节控制信号，从而补偿外部扰动带来的影响。

以恒定转速控制为例，可以用**转速传感器**检测电动机轴的转速。传感器将实际转速转换为电信号，反馈给控制系统。当干扰导致转速偏离设定值时，系统会据此调节电动机的输入，使其转速恢复到设定值。也就是说，通过反馈机制持续比较设定值和实际值，使两者的差值趋于零，实现精确控制。

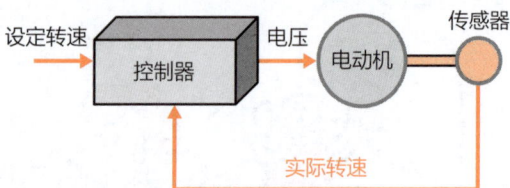

▲ 转速的反馈控制

若需控制电动机的输出转矩，则必须对电动机电流进行控制。此时，可用**电流传感器**实时反馈电流信号。由于电动机的转矩与电流成正比，控制系统可结合被控电动机的转矩常数，依据检测到的电流与目标值之间的误差调整控制参数，从而保证输出转矩准确。

实际的电动机控制，通常采用逆变器或斩波器。斩波器主要作为电压控制电路，逆变器在保持定速运行时控制的也是电压，无法直接控制电流。为了实现电流控制，需要在系统中引入电流传感器，实时检测实际电流，并利用该反馈信号调整输出电压，实现间接电流控制。

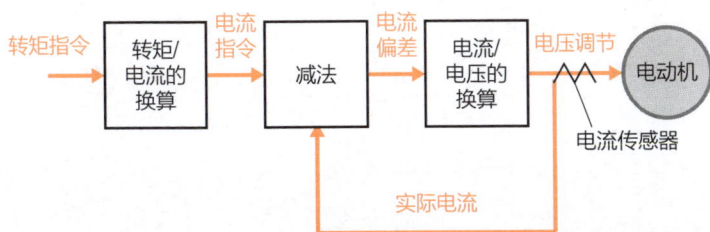

▲ 电动机转矩的控制

　　这种利用反馈信号形成闭合调节回路的控制方式，被称为**闭环控制**。与之相对，不依赖传感器反馈、仅按照预设参数输出控制信号的方式，则称为**开环控制**。之所以称为"开环"，是因为控制回路中没有反馈环节。

反馈控制
根据温度打开/关闭加热器

开环控制
时间到了改变红绿状态

▲ 反馈控制和开环控制的例子

第 64 讲　试试用电动机制动

电动机与运动 /// ☑电气制动　☑电阻制动　☑再生制动

　　电动机通电后会产生转矩，驱动物体旋转。然而，当电动机旋转时，其内部也会产生**感应电动势**。这一现象表明，如果通过外力旋转电动机轴，电动机就能够发电。实际上，电动机和发电机在原理上是完全一致的（参见第 7 讲）。当电动机与电池相连时，它作为驱动装置工作；如果通过外力旋转电动机轴，电动机就会变成发电机，可以为电池充电。

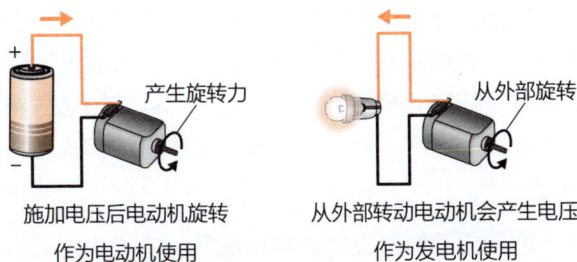

施加电压后电动机旋转
作为电动机使用

从外部转动电动机会产生电压
作为发电机使用

▲ 电动机和发电机

　　利用电动机具有发电功能的特性，我们可以将电动机用于**制动**。例如，在以电动机驱动的车辆行驶过程中，电流从电源流向电动机，提供动力。

　　如果在车辆运行中，将电源切换为电阻负载，电动机将不再提供转矩，但由于车辆惯性，电动机会继续被动旋转，并产生**感应电动势**（参见第 7 讲）。此时，电动机转变为发电机，感应电动势在电阻上产生电流。

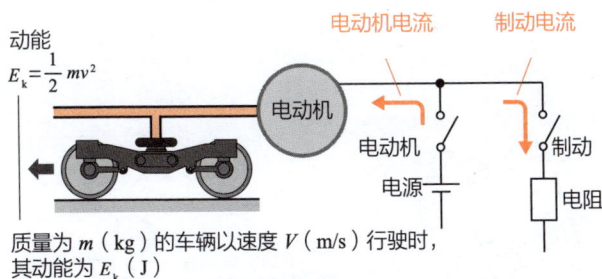

动能
$E_k = \dfrac{1}{2} mv^2$

电动机电流　　制动电流

质量为 m（kg）的车辆以速度 V（m/s）行驶时，
其动能为 E_k（J）

▲ 电气制动

　　在这种工作状态下，车辆动能通过发电过程被转换为电能，进一步以电流的形式消耗在电阻上并最终以热量形式释放。与此同时，电动机内会产生方向与旋转方向相反的转矩，起到制动作用。简而言之，制动的本质就是能量转换。车辆在行驶过程中具有动能，根据**能量守恒定律**，只有将这些动能转变为其他形式的能量，才能实现有效制动。在电阻制动中，电流通过电阻并产生热量，**动能最终转换为热能**。这种制动方式被称为**电气制动**或**电阻制动**。传统的摩擦制动器，也是通过摩擦将动能转化为热能来实现制动的。

此外，利用电动机制动时，将发电所得的电能直接用于给电池充电，或通过电源线反馈到电网以供其他设备使用，这种技术被称为**再生制动**。再生制动可以将部分动能转化为可用的电能，被广泛应用于电力机车和电动汽车中，有效提升了能源利用效率。

第 (65) 讲　启动电动机的技术

　　无论是直流电动机还是交流电动机，若采用电力电子技术（参见第 35 讲）进行控制，都能够实现平滑启动和加速。然而，对于直接连接到电源、通过机械开关控制的电动机，通常需要采用特定的启动技术。

　　在开关闭合的瞬间，电动机与电源直接相连，电源电压立即施加于电动机端子。在此时刻，电动机尚未转动，定子绕组中没有感应电动势。由于电动机绕组的感抗尚未形成，流经电动机的电流仅受绕组电阻限制，电流非常大。这一电流被称为**启动电流**。

电机种类	启动方式	概 要	电路图示例
直流电动机	电阻切换（调速）	串联电阻，切换电阻	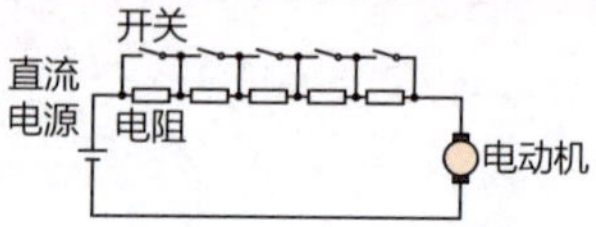
交流电动机	Y-△启动	三相电动机启动时采用Y接法，加速后切换为△接法	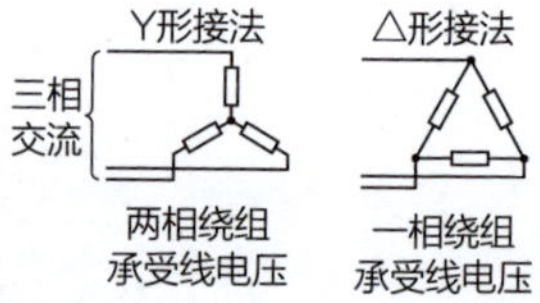
	启动补偿器	用单相变压器切换电压	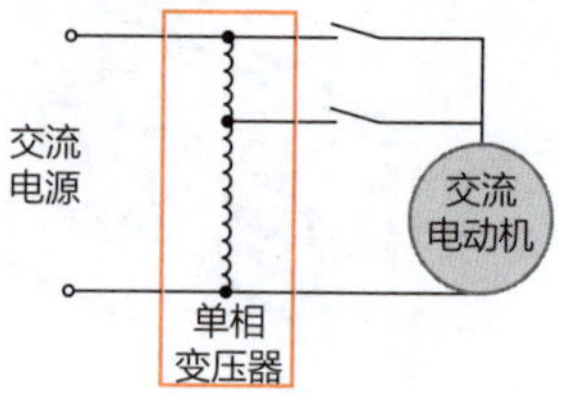
	电抗器	在电源和电动机之间接电抗器	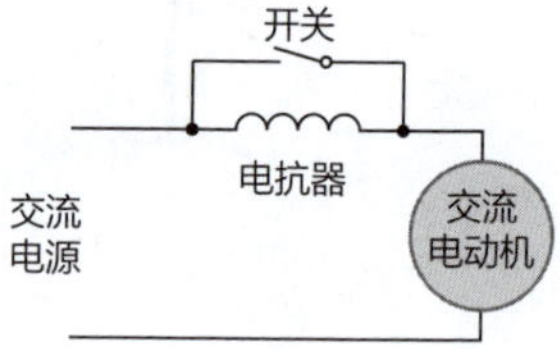
	软启动器	使用晶闸管，启动时使电压缓慢上升	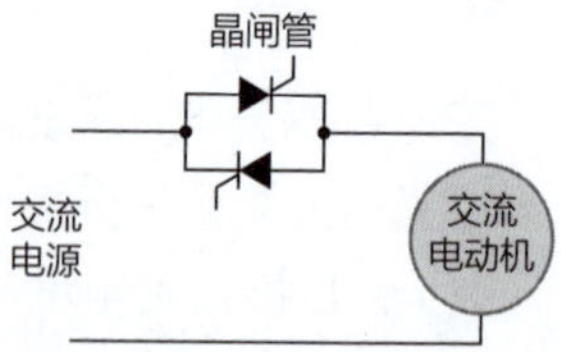

　　通常情况下，启动电流为正常运行电流的 **5 ~ 10 倍**。如此大的启动电流瞬间流入电动机，会对电源系统和配电线路造成较

大冲击。例如，电动机启动时，电源电压可能出现明显下降，造成照明系统变暗，或导致其他设备运行异常。为防止上述不良影响，需为一定规模以上的电动机配备**启动装置**。

启动装置的基本原理是**在启动初期降低施加在电动机上的电压**，具体方式包括在电动机回路中串接限流装置，或通过改变电动机内部接线方式来降低启动电压。不同类型的电动机对应不同的启动方法，具体可查阅相关专业书籍。

减小启动电流的同时，电动机的启动转矩减小，从而使加速过程更为缓慢。这不仅减小了启动时的机械冲击，还能有效保护电动机及其机械传动系统。这是启动装置的另一重要作用。若不采取任何限流措施，直接将电动机投入电网，这种方式被称为**全压启动**。

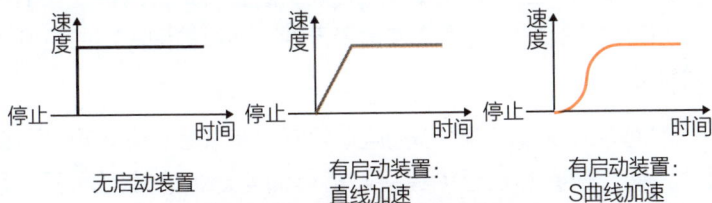

无启动装置

有启动装置：
直线加速

有启动装置：
S曲线加速

启动装置不仅可以减小启动电流，
还直接影响乘坐舒适性

▲ 启动装置的有无与加速方法

在实际应用中，我们常常希望了解电动机运行时的输出功率（W）或效率（%）。

电动机的电流及功耗可以通过相应的测量仪器直接测量。如果电动机轴裸露在外部，可以使用光学转速计准确测量转速。然而，电动机**输出功率**的测量相对复杂。正如正文所述，电动机的输出功率等于**转矩与转速的乘积**。因此，若能测得运行时电动机的转矩，即可计算出相应的输出功率。

在运行过程中，电动机带动负载旋转，这意味着电动机施加于轴的力矩（**输出转矩**）与负载反作用于轴的力矩（**负载转矩**）相等。换言之，电动机实际上是在克服负载转矩，维持轴的旋转。对于电动机生产商或专业测试商，测量转矩通常需要在电动机与制动器（刹车）之间安装扭转元件，通过检测其扭曲程度来推算转矩。

然而，大多数普通用途的电动机都没有预装这类转矩检测装置。因此，在实际运行中直接测量普通电动机的转矩几乎不可行，仅少数特殊用途或专业测试设备才具备相关功能。

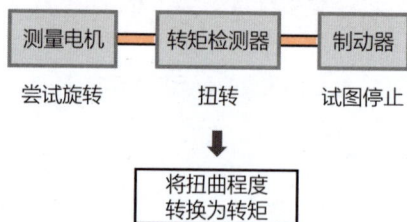

测量电机	转矩检测器	制动器
尝试旋转	扭转	试图停止

将扭曲程度转换为转矩